启真馆 出品

Home

A Short History of an Idea

Witold Rybczynski

家的设计史

［美］维托尔德·雷布琴斯基 著　谭天 译

ZHEJIANG UNIVERSITY PRESS
浙江大学出版社
·杭州·

图书在版编目（CIP）数据

家的设计史 /（美）维托尔德·雷布琴斯基著；谭
天译. —杭州：浙江大学出版社，2022.9
书名原文：Home: A Short History of an Idea
ISBN 978-7-308-22818-3

Ⅰ.① 家… Ⅱ.① 维… ② 谭… Ⅲ.①住宅—室内装
饰设计—研究 Ⅳ.① TU241.02

中国版本图书馆CIP数据核字（2022）第118332号

家的设计史

［美］维托尔德·雷布琴斯基 著 谭天 译

责任编辑	周红聪
文字编辑	程江红
责任校对	张培洁
装帧设计	周伟伟
出版发行	浙江大学出版社
	（杭州天目山路148号 邮政编码310007）
	（网址：http:// www.zjupress.com）
排　　版	北京楠竹文化发展有限公司
印　　刷	北京中科印刷有限公司
开　　本	880mm × 1230mm　1/32
印　　张	10
字　　数	190千
版 印 次	2022年9月第1版 2022年9月第1次印刷
书　　号	ISBN 978-7-308-22818-3
定　　价	75.00元

献给我的父母，安娜和维托尔德

前　言

在我接受建筑学教育的 6 年期间，有关舒适的课题只在课堂上谈过一次。提出这个课题的是一位机械工程师，他的职责就在于鼓舞我的同窗与我一探空调和暖气的奥秘。他告诉我们什么是"舒适区"（comfort zone），就我记忆所及，所谓舒适区就是为显示温度与湿度的关系而用阴影在坐标图上绘出的一块肾脏形状的区域。位于这块肾形区以内的是舒适区，以外的都是不舒适区。显然，对于这个课题，我们需要知道的仅此而已。这原应是一个极富探讨价值的课题，而学校当局居然将它如此轻描淡写地一笔带过，实在令人称奇。就像正义课题对于法学，健康课题对于医学一样，在建筑专业的培养过程中，舒适也应该是一个极其重要的课题。

也因此，尽管对舒适课题只能说一知半解，我仍然写了这本书。不过我并不因此而怀有歉意，因为诚如米兰·昆德拉所说："作为一个作者并不表示宣扬真理，而意味着发掘真理。"我写这本书的目的，不在于阐述舒适的意义以令人信服，我的用意只在于发掘舒适的意义，而且最主要的是为自己而进行发掘的。我认为既然抱持这种态度，那么写这本书相对而言应较为简易，或者至少我可以直截了当、畅所欲言。而这正是我犯下的第一个错。由于最近刚完成一本有关科技的书，我心想，机械装置应该会在家庭发展过程中扮演重要角色。结果我又错了，我最终发现家居生活是一种与科技几乎无关的理念，或者至少可以说，在家居生活理念方面，科技充其量只算是一种次要考虑。

我曾经设计并建造过房屋，但这些经验往往令我困惑，因为我发现学校教给我的那些建筑理念，即使并非全然背离我的客户关于舒适的传统观念，也经常不能照顾到他们的想法。我不是一个一味坚持主见的设计人，我总是设法满足客户的需求，但在这样做的同时，我常隐约有一种不得不妥协的委屈感。直到与内人合力建造我们自己的房子时，我才通过第一手经验发现原来现代建筑理念竟如此贫乏。我发现自己一次又一次地诉诸有关老房子、老房间的记忆，设法了解它们为什么让人感觉如此坦然、如此舒适，同时也开始猜想女人或许比男人更了解家居舒适。事实证明我的这个猜测没错。

这本书谈的不是室内装潢。我的家居理念主要谈的也不是家居生活的现实。此外，尽管这本书涉及历史，但我关切的对象是现在，是目前。就历史部分而言，我的这本书引用了多位学者的著述，并在书尾附注——列明，不过我要在这里特别举出使我深蒙其惠的两本著作：马里奥·普拉兹那本描绘过去的非凡之作《室内装潢图解史》（*An Illustrated History of Interior Decoration*，伦敦，1964）以及桑顿的《真正的装潢》（*Authentic Decor*，纽约，1984），这两位作者的博学是我永难望其项背，令我深感叹服的。

我也要借此向以下给予我建议与帮助的亲友们申致谢忱：我的妻子雪莉·哈勒姆，第一个阅读我的稿件、提出看法的人就是她；约翰·卢卡奇，他在当这本书还只是一个构想时就不断给予我鼓励；我的经纪人约翰·布洛克曼；还有我的编辑斯泰西·希夫与威廉·斯特罗恩。承蒙麦吉尔大学（McGill University）给予6个月假期，我得以致力于完成这本书。麦吉尔的布莱克德–劳特曼建筑与艺术图书馆（Blackader-Lauterman Library of Architecture and Art）以及麦克伦南研究生图书馆（McLennan Graduate Library）的工作人员也像过去一样给予了我无价的支援。

雷布琴斯基

船屋

于亨明福德，魁北克

目 录

第一章

思古情怀

插画说明：凯特·格林纳威，《两个用茶的小女孩》（*Two Little Girls at Tea*，1879 年）

不过，每当谈及过去发生的历史性事件时，所谓"造就"传统的怪异之处，就在于它的持续性大部分是虚构的。

——埃里克·霍布斯鲍姆，《传统的发明》

（*The Invention of Tradition*）

我们都见过这位状态怡然的先生，他的脸庞浮现在杂志广告页上，望着我们。剪裁得很短的灰发让人误判他的年龄——他其实只有 43 岁。同样，他身上那件已经磨损的衬衫以及那条褪了色的李维斯（Levi's）牛仔裤，也使人想象不到他是一位年收入达 8 位数的富翁。我们只能从他外套袖口处半藏半露的那块银色劳力士表，以及那双手工制牛仔靴隐约察觉他的富有。一时间我们也看不出他做的是哪一行。不过，尽管他穿着老旧的工作服，我们可以确定他不会靠捡拾莴苣为生，因为捡菜的工人不会穿柔软的羊毛与毛海料运动服。他可能是一位专业运动员，推销啤酒与除臭剂，但他的服饰显得太低调，而且他没有蓄髭，怎么看也没运动员那种调调。无论如何，不管他做的是哪一行，他似乎颇以他的职业为乐——从他晒成褐色的那张脸上泛出的浅笑就能察知。只是他的眼神既不像一般一味追求时髦的人士惯有的那样空洞茫然，也与名流显要的那种踌躇满志的得意大不相同。他的笑容里透着自得。他说："看看我，我可以随心所欲地穿着，无须为任何人刻意打扮，即使面对你们也一样。我很以此为乐。"既然任何广告，无论是香烟或癌症研究广告，都是在推销一些什么，我们只能判定这人卖的是舒适。

这位仁兄当然舒适。为什么不舒适呢？他拥有一家企业 90% 的股份，而这家企业的年销售总额为 10 亿美元。他在 1982 年的税后个人所得据说是 1500 万美元。举凡这样的成功所能带来的一切，他都有了：在纽约上城第五大道拥有一栋两层楼的豪宅（后来又添购了几栋），在韦斯切斯特（Westchester）拥有一处房地产，在牙买加拥有另一处房地产，在长岛拥有一栋海滨别墅，在科罗拉多州拥有一个占地一万亩的农场，还有一架供他旅行的私人专用喷射机。[1]

这位商业巨子、亿万富豪，这位舒适的人，他究竟做的是哪一行？他是替人思考穿着方式的。50 年以前他或许是一位裁缝或是缝衣匠，如果住在法国，大家或许称他为服装设计师。但是称拉尔夫·劳伦为裁缝，就像称贝克特尔公司（Bechtel Corporation）为建筑商一样。这样的称呼表达不出这家公司的规模以及在国际的分量。裁缝裁制衣服，而劳伦的公司在四大洲发给制造厂商经销权。这些厂商出厂的产品，在 300 多家打着拉尔夫·劳伦旗号的商店，以及遍布美国、加拿大、英国、意大利、瑞士、北欧诸国、墨西哥与中国等地百货公司的精品专卖店出售。随着公司不断成长，他的业务领域也越来越广。拉尔夫·劳伦公司在创办之初经营的商品只有领带，但很快扩展到男子服饰，随后推出女装，不久前又开创了童装特别系列。现在无论香水、肥皂、化妆品、鞋、行李箱、腰带、皮夹与眼镜等，都在其经销之列。劳伦做的，是最摩登

4

的行业：他是全方位的流行服饰设计师。

劳伦设计的服饰带给我们的第一个深刻印象，就是美国味十足。这些服饰都植根于清晰可辨的乡土形象：西部的牧场、大草原的农场、新港的华厦、常春藤联盟的学院等。这种似曾相识的感觉是有意营造的：劳伦是一位调和形象的大师。虽说他设计的服饰并非一成不变地模仿过去某一时代的衣着，但它们的外表确能反映有关美国历史上各个浪漫时代的流行观念。我们过去在图画、照片中，在电视上，特别是在电影中，都曾见过这些观念的体现。

劳伦了解电影。他早期设计的一套男子晚礼服服饰，行头包括一套黑色晚宴服、一件翼形衣领的衬衫、一双白手套与一条白色丝质领巾。《纽约时报》在报道这次展示时，形容这套服饰仿佛"从莱斯里·霍华的影片中走出来一般"。劳伦本人也穿着一套细直纹黑色西服出席这次展示会，让与会记者们想到了道格拉斯·范朋克。[2] 这种以电影为喻的形容手法颇为恰当，因为劳伦刚在为《大亨小传》（The Great Gatsby）的电影版设计男演员的戏服。在其后一段时期，带有20世纪20年代风格的时装蔚然成风，劳伦称之为"取胜的时装"。几年以后，他的许多设计出现在电影《安妮·霍尔》（Annie Hall）中，影片中男女主角伍迪·艾伦与黛安·基顿穿的休闲服，成为那一年的大流行。劳伦逐渐显现出戏剧服装设计师的气势，他的事业不仅经由广告，也通过时装秀与《时尚》（Vogue）杂志蒸蒸日上，不过这一切并不能确保他在时装界的地位。1984年，纽约大都会博物馆为伊夫·圣罗兰举办了回顾展，而大都会博物馆似乎永远不会为拉尔夫·劳伦举行这样的活动。

服装设计是不是一种艺术还有争议，但如今它俨然成为一个庞大的产业却是毋庸置疑的。这一切都始于 1967 年。继迪奥之后成为巴黎首席服装设计师、有高级时装设计神童美誉的圣罗兰，在那一年创办了左岸（Rive Gauche）连锁店，专售高价位但是量产、现已举世闻名的 YSL 品牌服饰。事实证明，左岸办得非常成功（全球各地现有 170 余家连锁分店），不久，可瑞吉与纪梵希等设计者也开始向成衣界租借（就是出售）他们的巧思。甚至连保守的香奈儿面对这种趋势也唯有低头，只不过香奈儿是在创办人去世之后才采取这种做法的。

高级时装*的设计巧思使时装业闪耀生辉，但现在成衣才是使这个工业大发利市的重点。在这个过程中，许多设计师在他们与他们赞助的产品间建立了一种特有的商业关系。如果你见过运动员推销高尔夫球衣或网球鞋的广告，你就知道这种关系是怎么一回事了。举例言之，若说皮尔·卡丹总搽着自己品牌的香水，穿着自己品牌的衣物（可能是孟买一家工厂的产

---

* 设计师查尔斯·弗雷德里克·沃斯在 1858 年发明 "高级时装"（haute couture）一词。有很长一段时间，唯有经法国政府艺术创作局认可的时装设计公司才能使用这个名称。令人称奇的是，高级时装并非最高时装等级的称谓，一般称几家最上流时装公司的作品为 "创意时装"（couture creation）。

品），实在令人难以置信。很显然，这些时装界的大人物，一般与所谓"他们的"产品的设计扯不上关系，即使有，这关系也微乎其微。他们的名声，就像阿诺·帕莫或网球选手柏格一样，都是在其他领域构筑的。至少就这个意义而言，量产营销尽管可能利润丰厚，但只能算是副业。

卡丹与圣罗兰都是在高级时装沙龙中建立他们的职业生涯，但拉尔夫·劳伦不同。劳伦从来没有做过高级时装设计师，他从一开始就投身于量产服饰，也因此他了解的是大众品位而不是少数精英人士的品位。他因为在商务上大获成功而成为著名设计师，而不是在成为著名设计师之后才取得商务胜利。他对美国人穿着方式的影响经常被人忽视，原因正在于这种影响一直都是间接的。1977年，妇女喜欢模仿黛安·基顿穿宽松的苏格兰呢外套，或穿大过她们尺码甚多的男衬衫，只是她们不知道她们其实模仿的是劳伦的原创。20世纪80年代刮起的常春藤联盟服饰流行风，即所谓"少爷打扮"也出于劳伦的灵感。

不过这一切究竟与家居舒适有何干系？1984年，劳伦宣布将进军家饰业。这件事唯一让人意外的是他等了那么久才做此决定。服饰与室内装潢的关系早已为人熟知。且请看英格兰画家霍加斯一幅早期佐治亚式室内装潢的画：画中雕饰家具呈现的柔和曲线，与那个时代华丽的服饰相呼应，使仕女穿着的拖地长裙与男士的蕾丝衣饰以及做作的假发更添风姿。19世纪略显浮夸的室内家饰也反映了时装流行。饰有裙边的座椅以及层层褶皱的帐帷，详尽地诉说着当年衣裙的裁制，壁纸图案也与衣料设计相配。装饰艺术（Art Deco）家具的丰富内涵正反映出它的所有人的华丽衣饰。

那么，劳伦打算如何装饰现代家庭？家饰系列（所谓"总汇"［Collection］）要为装饰家提供一切必要事物。套句劳伦手下公关人士的话，总汇的意思就是一种全面性居家环境。你现在可以披着劳伦晨袍，穿着劳伦拖鞋，用劳伦浴皂洗浴，以劳伦浴巾擦身，走过一块劳伦地毯，看一眼劳伦壁纸，裹在劳伦床单中，盖上一床劳伦被子，饮着劳伦玻璃杯中的热牛奶。你现在可以成为这广告中的一部分。

一位热情洋溢的分销商形容这个总汇为"生活方式市场营销的下一个高原"[3]，不过是否果真如此则令人怀疑。一个理由是，总汇的客户群有限——劳伦家具并不量产因而颇为昂贵，而且只在芝加哥、达拉斯与洛杉矶这类大城市的时髦百货公司有售。另一理由是，尽管劳伦的产品庞杂繁多，但总汇的项目仍然有限，无法包罗各式各样的家具产品——目前它只能供应少数柳枝编制的家具。但劳伦的公司因了解民众的服饰品位而获得成功，无论怎么说，像这样一家公司如何诠释一般人心目中的家居形象，仍是一个值得探讨的课题。

我来到纽约市以中上阶层消费者为对象的布鲁明黛尔百货公司（Bloomingdale's），以见证这下一个高原。我走出电梯时，耳际响起一个声音："时尚是生活方式的一种作用。"我讶然回顾，于是见到了这位在自己的家具展示录像带中现身说法的恬适男士。走过这个电视终端机，就是拉尔夫·劳伦家饰专卖店的入口，专卖店由几个展示间组成，展示着劳伦公司的产品。它们让我想到佛蒙特州的谢尔邦博物馆（Shelburne Museum），在这所博物馆中，展示的家具与其他展品都陈列于真实房屋内，以重现当年室内的摆设。这种做法使这些仿古的房间予人一种屋内有人居住的印象。在布鲁明黛尔百货公司，劳伦专卖店的各展示间也完全仿真，有墙壁、天花板，甚至有窗户，看来较像电影制片厂中的布景，而不像商店的陈列。

我才发现所谓总汇不是一个系列，而是四个系列。这四个系列各有名目，分别是"小木屋""优雅""新英格兰""牙买加"。"小木屋"的墙壁铺有白色灰泥，屋顶则支着颇有原始风格的屋梁。水牛棋盘纹（Buffalo Check）与伐木工方格纹（Woodsman Plaid）的毛毯覆盖着那张用木钉制成的大木床。木床的寝具以柔软的浅色系法兰绒制成，枕套、床单与床裙互相搭配。室内摆设的那些状甚粗犷的家具显然都是手工制作的，与铺在地上的美洲印第安人炉边地毯极为调和。一双大头靴摆在床边，床头柜上是一本在避暑小屋度假时打发时间的良伴《国家地理》杂志。这个系列呈现的整体印象是一种富裕的田园生活，一种与名师设计牛仔服意义相当的家具陈设。

走道另一边是"牙买加"。这个展示间显然是为美国阳光地带诸州的客户设计的。一张巨型四个柱的竹床，摆在漆成白色的清凉的房间正中，一块仿佛是纱，但也可能是蚊帐的东西垂挂在床上。寝具包括意大利亚麻织品、瑞士刺绣与细条纹布制成的被套，颜色不是粉红色就是蓝色，颇具女性娇柔之气。寝具与桌布都有皱褶边，还绣有花纹。若说住在"小木屋"的人正外出猎麋鹿，则"牙买加"的屋主必定正徜徉在游廊上，吮饮着鸡尾酒。

"优雅"的装潢也同样透着浓浓的上流社会氛围。这是一间暗色系、专为乡绅设计的房间，其特色在于打磨得很亮的铜床架，以及朦胧泛光的红木壁板。屋内装饰有许多松鸡以及其他关于打猎主题的饰物，也用了许多博斯利印染毛料与格子呢织品*。壁饰包括方格、花格与绸料饰品。这样的装潢造成一种多少令人有些难以喘息的效果，仿佛被关在雷克·哈里逊的秘室一样。床脚边摆着一双马靴。由于原先在广告照中见到两条小猎犬蜷伏在粗呢布上打瞌睡，我于是举目四望，在这暖洋洋的环境中找这对小猎犬，但是并未找到。"优雅"还包括一套绝对属于英国派的餐桌桌饰：茶壶、盛蛋杯、一个有盖的松饼

---

* 就像绝大多数人一样，劳伦显然也不了解"传统"苏格兰格子呢的新起源。以特定格子呢搭配不同家庭的构想，源于19世纪之初，而非源于凯尔特古文明；它像苏格兰裙一样，也是现代的发明。苏格兰格子呢的引入，是维多利亚女王崇尚苏格兰高地生活的结果，她建于苏格兰乡间的行宫巴尔莫勒尔堡可以证明这一点。造成这种格子呢兴起的另一个原因，是当年衣料商为开发市场而展开的一项推销运动。[4]

盘，还有几个饰有马球运动员骑马奔驰景象的碟子。一位不留情面的英国记者对它有以下评语："经由美国的纨绔气息过滤而得的英国梦。"[5]

"新英格兰"摆设着沉稳的美国早期家具。这间陈列室可说是佛蒙特一家乡村旅馆卧室的重现，色泽绝不飞扬跋扈，壁饰织品质料厚实，并且采用浓淡相间的图案设计，以搭配深灰色系的寝具。这是所有四个系列中最不夸张的一个系列。美国人毕竟对稳重踏实有所坚持，不肯对虚饰浮夸稍有退让。

这四个主题有许多相同之处。它们都源于劳伦从自己的住所得到的灵感——在牙买加的别墅、牧场，在新英格兰的农场。*四个主题针对的是那些有能力在湖滨、滑雪场旁，或在海边添置第二个甚至第三个家，且人数逐渐增多的客户，也因此它们呈现的都是乡村风情。同时，由于这些家具摆设强调舒适自如，既适用于周末消闲之处，想必也能适用于公寓与城市屋。这些家饰也是劳伦服饰设计的一项延伸，而他的服饰设计一直享有"西部与户外，或保守与轻松自然"之誉。[7]就此而言，这些都是其间人物服装已经设计完成的家饰摆设。这种使衣着与家饰相互协调的趋势，继续在另两个位于布鲁明黛尔的

---

* 据劳伦的妻子说："我们住的那些地方，都称得上是劳伦成真的美梦。但一旦住下来，他就开始工作，想把一切做得尽善尽美。他为我们的住处做设计。如果我们没有买下牙买加的那栋房子，或许他还是会设计一种牙买加风貌。不过，那栋房子确实为他带来了一些灵感。"[6]

展示间得到呈现，它们是"航海客"与"行猎人"。前者旨在建立一种与游艇主人身份相配的居家环境；而根据设计人的说法，后者的设计目的则是在表达"猎人跃下他的漫游者越野车，举枪瞄准猎物"的感觉。[8]

这些家饰设计另有一个共同点，这个共同点已经成为劳伦作品的标志。他早年设计过一套较奢华的男子服饰，组件包括一件用多尼哥（Donegal）苏格兰粗呢料制成、有背带与宽袋的外套，搭配一条白色法兰绒长裤，最后配上领针与上乘皮料制作的英国鞋。一位专门报道时装新闻的记者写道："你一眼就能看出，穿这套服饰的男士必是哪一家私人俱乐部的成员，他开的一定是一辆劳斯莱斯（或者说，至少他想给人这样的印象）。"这位记者还戏称这套服饰很"范德比尔"（Vanderbilt）。[9] 劳伦近年来在服饰设计中总是抑住冲动，以免他的作品重现代表19、20世纪之交富裕生活的象征与风格。但对劳伦家饰设计手法最具影响力的，仍然是他的同事所谓的"老辈富人"的样貌。*在绝大多数案例中，所谓"老"，指的是1890年至1930年之间的事。举例言之，小木屋的摆设饶富19世纪末用来凸显富人狩猎屋的那种醉人的、以杉木为

---

* 根据不久前的报道，劳伦已经对一个组织采取法律行动，因为该组织侵害到"他的"公司标志，新富人与老辈旧富人的摩擦也随之出现一种怪异的折转。这个组织之所以吃上官司，是因为它采用一名男子骑着马、挥着球杆的图形为其标志。遭劳伦控诉的这个组织，是成立于1900年的美国马球协会（United States Polo Association）。[10]

桩的田园风情，只不过支持野生动物保护运动的劳伦，已经慎重地将动物头颅标本从墙上取了下来。"牙买加"系列家饰展现的"旧世界的优雅与精致"，让人忆起在牙买加岛的殖民时代，岛上富人在那些白色回廊宅院中安度的悠闲岁月。标榜"优雅"的乡绅别墅，可能是英国作家伊夫林·沃所著的《旧地重游》（*Brideshead Revisited*）中的那位博利特爵士的住处。但就传统意义而言，这并非具有时代代表性的家饰。举两个流行风格言之，它缺乏新乔治亚或法兰西古董家饰一贯的和特定的细节。劳伦极欲重现的，是过去的传统家饰与稳重的居家生活所蕴含的那种气氛，至于如何再现一个历史时代的原貌，则非他所关切的。

这种对传统的敏锐感知是一种现代现象，反映出现代人在这个不断变化与创新的世界对于旧俗与常规的渴盼。现代人的思古情怀十分强烈，甚至当传统已经不再时，现代人还不断设法将它们再造。除苏格兰格子呢以外，还有其他例证足资证明。在英国于 18 世纪中叶采用国歌之后，绝大多数欧洲国家也迅速效尤。这件事带来的结果有时就有些稀奇古怪了。举例说，丹麦与德国根本就将英国国歌的曲调照单全收，只不过改以本国文字为歌词。瑞士人仍然唱着曲调与《天佑吾王》（*God Save the King*）极近似的《祖国万岁》（*Ruft die, mein Vaterland*）。在美国国会于 1931 年采用正式国歌之前，美国人也一直唱着尊王意味十足的《我的祖国承蒙君赐》（*My*

Country'Tis of Thee)。《马赛曲》写于法国大革命期间，是一首原创歌曲，但法国迟至巴士底狱事件爆发百年之后，才于1880 年首次庆祝巴士底日。

传统再造的另一例证，是所谓美国早期或殖民时期家饰的流行风。在绝大多数人的想象中，这必定代表着一种与先民价值观、与 1776 年精神相通的联系，代表美国国家传承不可分割的一部分。实则不然。殖民时期风格之所以存续，不是因为殖民时期先民将传统一代一代、毫无间断地流传给共和国的后代子孙，而是因为在 1876 年举行的那次年代近得多的立国百年庆典。[11] 在这次百年庆典的激励下，许多所谓的爱国社团应运而生，其中包括美国革命之子（Sons of the American Revolution，现已解体）、美国革命之女（Daughters of the American Revolution，现仍运作）、美利坚殖民时代妇女（Colonial Dames of America）以及五月花后裔协会（Society of Mayflower Descendants），等等。美国人之所以重新展现这种对族谱的兴趣，部分导因于百年庆典本身，部分也由于当时来到美国的非英裔移民越来越多，既得利益的中产阶级为了表示与这些新移民有别，而设法标榜他们的先民传统。于是所谓殖民时期风格的家庭装饰风潮在当年掀起，意图强调与过去的联系，而这种文化认证的过程也进一步得以强化。像大多数再造的传统一样，重新展现的殖民时期风格反映的也是它本身的时代，即 19 世纪。它的视觉品位深受当年流行的英国建筑风安妮女王的影响，这种风格其实与开疆拓土的先民无关，不过它强调的温馨舒适的家居生活，确实使许多厌倦了镀金时代（Gilded Age）奢华风的民众心向往之。

经劳伦再造的传统，都取材于文学作品与电影的想象，当伊夫林·沃 40 年前对它加以描绘时，"优雅"显示的那种英国乡村生活已经式微。今天，尽管猎狐运动仍然存在，但为免遭环保与动物保护团体的指责，这类运动几乎只在秘密中进行。"航海客"使人联想到美国小说家菲茨杰拉德笔下的新港，不过尽管他笔下那些衣着光鲜的航海人有能力雇用船员做事，自己则徜徉于长 18 米、柚木制甲板的双桅帆船之上，但我们大多数人只要能有一艘架在车顶、玻璃纤维制的小艇就心满意足了。"行猎人"让人忆起欧美富裕之士可以到非洲尽情打猎的那个时代。今天，如果造访非洲，他们带的很可能是一架米诺塔（Minolta）相机，而不像海明威当年那样，带着一支曼利契（Mannlicher）猎枪。独立后的牙买加早已不复当初旧世界的婀娜多姿，它的真实景观是充斥着旅行团与毒品，以及横行的反白人组织拉斯特法里（Rastafarian）。至于"小木屋"系列呈现的那些单调的炉边乐趣，则早已为滑翔翼与登山自行车等运动项目所取代，或者至少可以说，这类新增的项目使"小木屋"的生活平添许多乐趣。

这些精致的室内装潢还有一项令人称奇之处，就是许多代表现代生活的物件在这里付之阙如。我们在这些展示间找不到时钟、收音机、电风扇或电视游戏机。卧室中摆设有烟斗架与烟草储存箱，但没有无线电话机、电视。木屋墙壁上可能挂着雪鞋，但门边不会摆着雪车靴。在热带家饰展示中，我们见到的不是冷气机而是天花板上垂着的吊扇。现代生活的各式机械装置都遭摒除，取而代之的是饰有铜边的枪盒、银制的床头水瓶，以及皮面包装的书籍。

无可否认，这些令人心醉的场景并非真实的室内装潢，只是用以衬托家饰总汇中那些布料、桌饰与床饰的背景而已，似乎没有人会完全依照劳伦宣传小册上的做法来装潢自己的房子。但这不是要点。广告经常呈现的不是一种全然真实、合于某种风格的世界，不过它确能反映社会上对于事物应该像什么样所抱持的看法。劳伦之所以选用这些主题，用意在唤起一般人心目中代表富有、稳定与传统的那些轻松自在的形象。它们有意忽略某些事物，并刻意纳入某些事物，同样代表着意义。

如果置入一些现代物品，这些精心布置的展示间效果必将大打折扣，这是毋庸置疑的。就像一位拍摄古装影片的导演会抹除暴露的电话线，会删去喷射机划空而过时发出的声响一样，劳伦也不让 20 世纪出现在他的展示中。我们在"小木屋"的石制壁炉边，不会见到摆在那里晾干的多丙烯热感应内衣裤，在餐桌上也见不到电烤箱的踪影，因为它们会损害小木屋呈现的那种传统安适感，同理，在"优雅"的书桌上也没有个人计算机。我们如何将现实注入这个梦幻世界？办法就是根本不去尝试。化妆品业巨人雅诗兰黛公司的总部，坐落于纽约的通用汽车大楼。总部的主办公室很传统，总裁办公室则不然，看起来像极了法国封建时代罗亚尔河贵族城堡中的小会客厅。总裁的办公桌以及桌边两张侧椅，都是路易十六时代的产物，两张安乐椅出自第二帝国时代，那张长沙发是美好年代（Belle Epoque）的杰作，灯座则是一个旧式法兰西烧水壶（显然原置于壶中的蜡烛已被电灯泡取代）。室内唯一的现代用品是两部电话。[12]《福布斯》（Forbes）杂志的所有人马尔科姆·福布斯不肯对现代妥协，办公室中甚至连电话也省了。他的办公室摆着一张高雅大方、没有电话骚扰的乔治亚式办公桌，桌两侧是一对安妮女王时代的角椅，与一张制作精美的齐本德尔式（Chippendale）安乐椅。一盏吊灯从天花板上垂下，照着这间始建于19世纪、以红木为壁板的房间。这个不见任何20世纪产物的小天地，不仅适宜洽商办公，也是品尝葡萄美酒的好所在。[13]

这类仿古的装潢原本难以做成，而且造价显然也十分昂贵。此外，再怎么说，无论在福布斯先生或兰黛夫人的办公室外，都装备有传真机、不断闪烁着灯光的文字处理机、根据人体科学设计的速记员椅、钢制档案柜，以及保证现代公司适当运作而必备的日光灯照明设备。所有这些设备都装在外面的原因之一，是它们很难融入一间路易十六风格的小客厅或一间乔治亚式的书房。能够搭配旧时代家饰又不显怪异的现代装置并不多见。名士（Baume & Mercier）旅行钟就是其中一例，它配有一个八角形、梨木制、饰以黄铜的盒子，用来装石英运转组件。此外，要将复印机这类史无前例、绝对现代的产品融入旧时代家饰，唯有通过改装。一旦改装完成，就像把电视机做得像殖民时期的餐具橱一样，效果同样令人满意。

就这样，现代世界仍遭压制一隅。正如劳伦系列总汇的那些陈设一样，这些办公室室内装饰代表的是一种已经不复存在的生活方式。它们极不现实。好讥讽的人会说，那间路易十六式办公室的女主人事实上生在纽约皇后区，而福布斯先生生在布鲁克林，同样也是亲英派的劳伦，则生于布朗克斯（Bronx）。不过无论是存在于人记忆中的生活方式，还是想象中的生活方式，这代表的是一种广植人心的思古情怀。是一种时代错乱，或对传统的渴盼，还是说，这只是我们对现代世界所创周遭环境更深层不满的一种反映？我们忽略了什么过去曾极力追求的事物？

第二章

亲密与隐私

插画说明：阿尔布雷特·丢勒，《书斋中的圣哲罗姆》（*St. Jérôme in His Study*，1514 年）

只不过，亲密感正是在这种富有北欧风味、显然状甚幽暗的环境中首先诞生的。

——马里奥·普拉兹，《室内装潢图解史》

（*An Illustrated History of Interior Decoration*）

且请看文艺复兴时代伟大艺术家丢勒在他的名作《书斋中的圣哲罗姆》中描绘的那间屋子。丢勒遵从他那个年代的习惯做法，在这件刻画早期基督教学者哲罗姆的作品中，既不以 5 世纪，也不用哲罗姆实际生活的城市伯利恒为背景，而以 16 世纪初期、丢勒那个年代的典型纽伦堡式书房为背景。我们见到一位老人弯着腰在房间一角书写着，拱形窗台上是一大扇镶铅框的玻璃窗，光线就从这里洒入房间。窗下贴壁摆着长长的一张矮凳，矮凳上摆着几个有穗饰的坐垫。直到 100 年以后，装饰性的椅垫才成为椅子的一部分。书房中那张木桌属于中古设计，桌面与底盘架相互分离，在不使用时只需除下几个栓，整张桌子很容易就能拆卸。桌侧是一张为直背椅前身的靠背椅。

　　桌面只摆着一座耶稣受难像、一个墨水瓶，还有一个写字台，不过私人物品散见于屋内其他各处。矮凳下塞了一双拖鞋，几本珍贵的对开本书随手散置于矮凳上，但这并不表示书房主人邋遢，因为当时书架还没有发明。一个夹纸条的夹套钉在后墙上，夹套中还夹着一把削铅笔的小刀与一把剪刀。这些物件的上方是一个烛台架，几串念珠与一根草制帽饰垂挂在钩上。那个小碗橱中可能装有一些食物。壁龛中安置着盛满圣水

21

的圣水钵。从天花板上垂下来一个硕大无比的葫芦，这是房中唯一一件纯装饰性物品。除了几件富寓意的物品如一顶朝圣的帽子、一个头盖骨、一个沙漏之外，这房里并没有什么令我们称奇之处，当然，在前景中躺着打盹的那头被圣哲罗姆驯服了的狮子自是另当别论。房内其他物件都是我们熟悉的，我们仿佛觉得自己可以轻松坐上那张空着的靠背椅，在这实用而不严苛的房间享受回到家中的亲切感。

我使用的书房大小也与这房间类似。我的书房位于楼上，屋顶以大角度下倾与矮墙相接，我只要站直了身，就很容易触及那面像极了一艘翻覆的船的内侧、有角度的木制天花板。书房开有一面西向的窗，当我晨起工作时，白色墙壁与杉木天花板上反射出一片白晕，映在躺在地上的那只杜利狗身上。虽说这小屋很像一间巴黎式阁楼，但眺望窗外却看不见屋顶、烟囱或电视天线，映入我眼帘的是一片果园、一排白杨树，更远处则为阿第伦达克山脉（Adirondack Mountains）之始。这景象虽称不上壮丽，但颇具英国乡村恬静安适的风味。

我的座椅是一把已经老旧得吱吱作响、木制的旋转扶手椅，就是过去在报社办公室中可以找到的那种椅子，椅座上还摆着一个破旧的泡棉垫。在打电话的时候，我会仰靠着椅背，觉得自己仿佛是《满城风雨》(*The Front Page*)中的派特·欧布兰。由于椅脚支有轮子，我可以安坐于椅中便能在屋内游走，轻松取阅散置于周身的书本、杂志、纸张、铅笔与纸夹。

我的这间书房就像任何条理井然的工作场所一样，一切必要用品都近在手边，无论是与一位作家的工作室，还是与一架巨无霸式喷射机的驾驶舱相比都毫不逊色。当然，撰写一本书所必需的组织程度与驾驶一架飞机所需的是不一样的。尽管有些作家喜欢将桌案整理得清爽有序，我的那张书桌却是里三层外三层，满满堆着各式各样、半开着的百科全书、字典、杂志、纸张、剪报等。在这乱七八糟的一堆东西中寻找资料，就像玩抽签游戏一样。随着工作不断进展，桌上资料堆得越来越高，可供我书写的空间也越来越小。虽然如此，这样的混乱也有令人宽慰之处。而每当完成一章，我又一次将桌面整理得一尘不染时，一种不安感也就在这一刻油然而生。像空白纸页一样，整洁的书桌也会让人心生恐惧。

家居生活的舒适与整洁无关。若非如此，则每个人都可能住在室内设计与建筑杂志刊出的那些不具生气、全无人味的房屋中。这些整理得毫无瑕疵的房间所欠缺的，或者说摄制这些房间的摄影师所刻意去除的，是经人住用的一切证据。尽管房中十分巧妙地陈列着花瓶，颇具匠心地摆设着艺术书籍，但我们看不见房主人的踪迹。这种纯净的室内设计令我大惑不解，我们真的可以生活得一丝不苟吗？他们既然在起居室看周日的报纸，又怎能不让这些报纸散落于起居室各处呢？他们的浴室里怎么看不见牙膏与用了一半的肥皂呢？他们把日常生活的那些零碎东西都藏到哪里去了？

我的书房就摆满了有关我家庭、友人，以及个人事业生涯的纪念品、照片与物件，其中有一小幅水彩画，画中那位坐在福门特拉岛（Formentera）门廊一隅的青年就是我。有一张暗褐色的照片，照的是一艘德国齐伯林飞船于前往莱克赫斯特途中飞经波士顿上空的景象。还有一张我自己的房子在建筑群中的照片、一幅古吉拉特（Gujarati）壁饰、一幅加框的名人箴言、一个软木板。软木板上面钉着许多便条、电话号码、造访卡、泛了黄的未复信件，以及一些早已遗忘了的账单。书房另一头摆着一张坐卧两用的床，床上有一件黑色毛衫、几本书与一个皮公文包。我的写字桌很老旧，虽说它不是什么特别值钱的古董，但优雅的样貌，使人忆起那个仍视写信为一门悠闲艺术，且必须使用笔、墨与吸墨纸才能精心完成的年代。所以每当我在一沓沓廉价的黄纸上乱涂鸦时，心中难免有愧。除了堆得一团糟的书籍与纸张以外，写字桌上还有一个当镇纸用的沉重铜挂锁、一个装满铅笔的锡罐、一个铸铁制的印第安苏族人头书夹，还有一个表面有乔治二世图形的银色鼻烟盒。这是否曾是我祖父的用品，我已没有了记忆。不过放在鼻烟盒旁的那个塑胶烟盒一定原是祖父的，因为它除了印有战前波兰的掠夺状文字以外，还印有他的姓氏缩写。

个人物品、一把椅子，一张桌子——一个可供书写之处，400余年以来，这一切并无多大改变。但果真如此吗？前述丢勒作品中的那位人物是一位隐士，因此作品中他显然是单独工作的，但在 16 世纪，一个人能拥有一间自己房间的情况并不多见。直到百余年以后，让人免于众人注视而享有独自空间的所谓"密室"方才问世。因此，虽然根据名称，这件木刻作品描绘的是一间"书房"，但事实上它有许多用途，而且这些用途都是公开性的。尽管这件精美的作品展现着宁静，但一般人心目中作家工作室应有的那种安静与出世，在这里是不可能找到的。房内到处是人，拥挤的情况尤甚于今天，所谓"隐私"根本不曾听说。此外，房间并无特定功能：中午时分，写字台被卸了下来，家人开始围坐桌边享用午餐；到了傍晚，他们将桌子拆开，那张长凳成了长沙发；入夜之后，起居室成为卧房。我们在这幅版画中看不见床，但在丢勒的另几件作品中，我们见到圣哲罗姆在一个小小读经台上书写，把他的床当成椅子坐着。如果我们坐上那张靠背椅，相信过不了多久我们就会烦躁难安了。那椅子上的垫子虽能缓和直板硬木带来的不适，但这不是那种坐上去会令人感到舒适的椅子。

丢勒的房内有若干工具：一个沙漏、一把剪刀、一支翎管笔，但没有机器或机械装置。尽管当年玻璃制造的工艺已有相当进展，大扇玻璃窗让阳光得以在白天成为有用的光源，但当夜幕低垂，蜡烛从烛台架上取下之后，书写工作便无法进行，至少动笔极为不易。此外取暖设施还很原始。16 世纪的房屋，只在主屋中装置壁炉或烹调炉，其他房间都没有取暖设施。在冬天，这间主要由泥瓦砌成、以石板为地的房间极为寒冷。哲罗姆穿的那身厚实的衣物其实与时尚无关，而是为御寒不得不然。这位老学者隆着背书写的姿势，不仅表示他的虔敬，也意味着他的寒冷。

我也弯着腰、弓着背书写，不过我面对的不是一个写字台，而是文字处理机的琥珀色荧光屏。我所听见的不是翎管笔写在羊皮纸上的沙沙声，而是隐约的静电声。当文字从我的脑海转输到处理机，从这部机器的记忆库转录到那些塑胶制碟片上时，我不时还能听见轻柔的呜呜声。人人都说，计算机将为我们的生活方式带来革命性变化，而它确实已经影响到文学——计算机为文字书写重新带来了安静。在描绘人类书写的古画中，我们可以轻易发现画中少了一件东西，那就是废纸篓。原来纸张在古时是极其珍贵、没有人舍得抛弃之物，作者必须首先在脑中将文字组织妥当然后下笔。就此而言，我们走了一大圈，又绕回到了原点，因为文字处理机省去了我们将写坏了的稿纸揉成一团丢弃的麻烦。我只要按一下钮，屏幕一阵闪烁之后，涂改作业已经完成，不要的字已送入电子碎纸机中就此不见踪影。它具有一种安静的效果。

因此，事实上居家生活已有极大改变。其中有些是显而易见的改变，例如取暖与照明设施受新科技的影响而出现的进步。我们的坐具较过去精密许多，使我们坐起来更感轻松舒适。其他一些改变则精微得多，例如房间的使用方式，或房间能提供多大的隐私。我的书房是否比古人的房间舒适？显然对于这个问题，我们会回答是的。但如果我们向丢勒提出这个问题，他的答复可能令我们感到意外。首先，他会不了解这个问题。他可能惑然不解地反问："你们所谓舒适究竟是什么意思？"

"舒适"（comfortable）原本指的不是享乐或满意。它的拉丁文字根是"confortare"，意为强化或安慰、支撑，这个意义许多世纪以来一直保持不变。我们今天有时仍然使用这个意思，例如我们说："他是他母亲老来的慰藉（comfort）。"神学中也有这样的用法："安慰者（comforter）即圣灵。"随着世事演变，"慰藉"一词又增添一种法律意义：在 16 世纪，所谓"慰藉者"（comforter）指的是协助或煽动犯罪的人。这种支撑的观念渐渐扩展，并包罗能提供某种满意度的人与物，于是所谓"舒适"开始指可以容忍或足够之意——我们会说一张床的宽度"comfortable"（够宽），不过这句话还不表示这是一张舒适的床；我们会说"收入还不坏"（a comfortable income），这指收入虽够不上极丰，但已足够使用。随后几代人逐渐引申这种方便、适合的含义，"comfortable"最后终于有了肉体上享受与追求安逸的意义，不过那已是 18 世纪的事，丢勒在那时早已作古。司各特（Sir Walter Scott）曾写"任它室外天寒地冻，我们在室内舒适安逸"，成为率先以这种新方式使用"舒适"一词的小说家。其后，这个词的含义几乎完全与满意度有关，而且经常指御寒物品。在强调世俗的维多利亚时代的英国，"comforter"指的不再是救世主，而是一条长的毛质围巾。

而在今天，它指的是棉被被套。

文字很重要。语言不仅是一种媒介，它像水管一样，也是我们思考方式的反射。我们使用文字的目的不仅在于描述事物，也为了表达理念，在我们将文字注入语言的同时，我们也将理念注入意识。诚如萨特所说："为事物命名的过程，包含了将立即、未反映的，或许也是遭忽略的那些事件，送到那个反映与客观思维的平面。"[1] 试以源于19世纪末的"周末"（weekend）一词为例加以说明。中古时代以"weekday"描述工作日，意在使工作日与主日（Lord's Day）有所区分。而强调世俗的"周末"一词——原先描述的是商店关闭与业务停歇的期间——反映的则是积极追求休闲活动的生活方式。这个英文单词，以及这一英国理念，已经完整无缺地进入其他许多语言（如 le weekend、el weekend、das weekend 等）。另举一例，我们祖父母那一辈将纸卷嵌入他们的自动钢琴，在他们心目中，钢琴与纸卷都是同一部机器的组件，我们则在机器与我们给予机器的指令两者之间有所区分。我们称机器为硬件，并且发明了新词"软件"以描述我们下的指令。这个新词不仅是一个符号，它代表一种思考科技的不同的思维方式。这个新词被纳入语言，标示着我们历史重要的一刻。*

---

* 据《牛津英语辞典》（*Oxford English Dictionary*）所述，"software"首次出现于1936年，不过当时使用它的人只有计算机工程师。10余年后，随着廉价的家用计算机问世，它开始成为一种术语，随后进一步深入民众意识。

同样，"comfort"之居家舒适新含义的问世，也不仅是由于辞典编写者的兴趣。英文中还有其他单词也有这一含义，比如"cozy"，不过这些词出现较晚。根据文献，直到18世纪才开始有人用"comfort"来表示家居生活的舒适。这种新用法何以如此姗姗来迟？据说加拿大的因纽特人有许多词来形容各种类型的雪。就像水手有一长串描绘天气的词一样，因纽特人也需要不同的词以区分新雪与旧雪、压挤紧密的雪与松散的雪等等。我们没有这种需要，因而只用一个"雪"字泛指所有的雪。此外，越野滑雪运动员因为有必要分辨不同的雪地状况，便会以滑雪蜡的各种颜色来做区分：他们会谈到紫雪或蓝雪。这类词虽算不上真正的新词，但这确实代表一种改进语言以适应特殊需求的尝试。同样，人类之所以开始以不同方式使用"舒适"一词，也是因为他们需要一个特殊词以表明过去或许不存在、或许无须表明的理念。

在展开这项对舒适的探讨以前，我们且先设法了解欧洲在18世纪发生了什么事，以及何以突然间，人类发现他们必须以特殊词汇来描绘他们住处内部的特性。要了解这些问题，我们首先有必要探讨一个较早的时期——中世纪。

中世纪是一段混沌不明的历史时期，有关这段时期的诠释可谓众说纷纭、莫衷一是。一位法国学者曾经写道："文艺复兴时期的人认为中世纪的社会过于拘泥迂腐，深受传统束缚。宗教改革派人士认为它的阶层区隔过于繁复，而且社会腐败。启蒙运动时期的人士则视它为非理性与迷信。"[2] 将中世纪理想化了的 19 世纪浪漫派人士，描述中世纪为工业革命之对立面。卡莱尔与拉斯金这些作家与艺术家大力美化中世纪的形象，把中世纪社会描绘成一个没有机械、简单质朴的世外桃源。这种新见解大大影响了我们对中世纪的看法，一种中世纪社会不事科技，也无意于科技的观念于是应运而生。

这种观念全然错误。中世纪人士不单写了许多发人深省的书，也发明了眼镜，他们不仅建造了大天主教堂，也开采煤矿。在中世纪，无论基础工业与制造业都出现了革命性变化。有记录为证的第一件人类大量生产的事例——蹄铁的生产——出现于中世纪。在 10 世纪至 13 世纪更兴起一股科技热潮，人们发明了机械钟、抽水机、水平织布机、灌溉水车、风车，当时在英伦海峡两岸甚至还出现了潮力作坊。农业的革新为这一切科技活动奠定了经济基础，深耕与作物轮植的概念使生产力增加了 4 倍，直到 500 年以后，人类才终于能够超越 13 世纪的农产量。[3] 中世纪不但绝非一个科技黑洞，而且还是真正的欧洲工业化之始。至少直到 18 世纪，人类日常生活各方面仍受这个时代影响甚深，包括一般人对居家环境的态度。

在进行一切有关中世纪居家生活情况的讨论之际，我们必须牢记一个重要的现实：这种生活对当时绝大多数人并不适用，因为他们很穷。历史学家赫伊津哈在写到中世纪的式微时，指出当时世界的对立问题极其严重，只有极少数特权阶层才能享有健康、财富与高品位的生活。赫伊津哈写道："生活在今天的我们，很难想见那个时代的人欲享用一件毛皮大衣、一盆旺旺的炉火、一张舒软的床与一杯葡萄酒是多么不易。"[4]他又指出，我们喜欢中世纪民俗艺术是为了欣赏它单纯的美，但当年制作这些艺术品的人更加在意它们的灿烂与壮丽。我们经常忽视中世纪艺术品刻意呈现的奢华，而这样的奢华正显示了当年工匠们为打动民众而不得不然的做作——他们的感官意识已因生活的困苦麻木不仁。放纵、奢侈的朝圣与宗教活动是中世纪生活的特色，我们不仅可将这类活动视为庆典，也可将它们视为当年日常生活苦难的解毒剂。[5]

当时贫穷人家的居住状况极其恶劣，他们的住处既没有水，也没有下水道等卫生设施，几乎没有家具，用品也寥寥无几。这种情况一直持续到20世纪初才开始改善，至少在欧洲如此。[6]在城市里，穷人的住房小得令家庭生活难以维持，那些只有一间房的小屋除供人一夜歇息之外，实难派上其他用场。当时只有婴儿享有房间，年龄较长的儿童都离开父母，送出去当学徒或仆役。据几位历史学家指出，这种亲人离散的苦难，使当年那些穷苦大众并无所谓"住宅"与"家庭"的概念。[7]处于这种情况下，什么舒适与不舒适都是无稽之谈，我们忙碌终日，追求的只是生存而已。

虽说穷人与中古时代的繁华无缘,但另有一个阶层的人士享有它们:这些人就是自由市的居民。在中世纪的所有创新活动中,自由市位居最重要、最具原创性之列。风车与灌溉水车或许是其他社会的发明,但与当年主要属于封建领地的农村相比,自由市无疑称得上是鹤立鸡群,它凸显了独特的欧洲风格。它的居民,即那些享有自治权的布尔乔亚阶级(francs bourgeois)、自治市公民、镇民,创造出了新都市文明。[8]"布尔乔亚"(bourgeois)*这个词于 11 世纪初期首先出现于法国,[9] 指的是住在筑有城墙的城市中、通过选举产生的议会进行自治的商人与贸易商,他们绝大多数直接对国王效忠(自由市就是国王建的),而非只效忠于一位贵族。这种"公民"阶级(国民的观念直到很久以后才出现)与当时其他社会阶级,包括封建贵族、教士与农民大不相同。这同时也意味着一旦地方爆发战争,贵族与其臣属都不得不投入战事之际,自由市的布尔乔亚阶级仍享有相当程度的独立自主,他们也因而得享经济繁荣之利。布尔乔亚之所以能在一切有关居家舒适的讨论中成为主题,是因为他们与贵族、教士以及农奴不同,贵族住在防御性的城堡里,教士住在修道院,农奴住在茅屋里,布尔乔亚则住在房屋里。我们就从这里展开对房屋的探讨。

---

* 编按:"bourgeois"有市民阶级(原始意义)、中产阶级(社会地位)、资产阶级(经济角色)三种不同层面的意义,本书一概译为"布尔乔亚"。

14世纪典型的布尔乔亚住宅将居住与工作两者结合在一起。建设用地向街正面的长度很有限，因为中古时期的城市都是防御性城市，基于必要，必须建得很密。这些排成长列的狭窄建筑物通常有两层，其下还有供储物用的地窖或地下室。城市屋的主层（或至少是面街的那部分）是一个店面，如果屋主是工匠，主层就是一个工作区。居住区不是我们想象中那样由一连几间房组成，它们是直通屋椽的一间大房，即厅堂，烹饪、进餐、取乐、睡觉都在这里。不过，中世纪房屋的内部看来总是空荡荡的，供居住之用的大房只有寥寥几件家具，墙上挂有一幅绣帷，大壁炉旁摆着一条凳子。这种强调简单的风格，并非一种追求时髦的做作。一般而言，中世纪住宅几乎谈不上什么家具陈设，即使有，陈设的家具也十分简单。衣箱既用来贮物，也可当作座椅用，较不宽裕的家庭有时还把衣箱当成床，箱内衣物则用作软床垫。长椅、凳子与可拆卸的台架是当时常见的家具，甚至床也可以折叠。不过到中世纪末期，比较重要的人物会睡在大的、定型的床上，这些床通常置于房间一角。当时的人惯于席地而坐，也常在衣箱、椅凳、坐垫和台阶上或坐卧，或蹲踞，床也就经常成为大家的座椅。如果当时的绘画可供我们评断，则中世纪的家居态度应该称得上闲散。

一般人们较不常坐的就是椅子。法老统治下的古埃及人使用椅子，古希腊人在公元前5世纪将座椅进一步改善，使它们成为优雅而舒适的家具。罗马人把椅子引进欧洲，但当罗马帝国在所谓黑暗时代中覆亡之后，椅子也为人所遗忘。椅子究竟于何时重新进入人们的生活已不可考，不过到了15世纪，椅子已经重现，只是这时的椅子与过去大不相同。希腊人的克利斯莫椅（klismos），有一面低矮、凹陷、依人体坐姿曲线设计的椅背，还有使坐在椅上的人可以后仰而不至翻覆、向外倾斜的椅脚。我们仿佛见到一个古希腊人安闲地坐在椅子上，盘着两腿，一只手臂轻松地支在椅子的矮扶手上，这活脱脱是一幅现代人的生活写照。但换成中世纪的座椅，如此舒适的坐姿全无可能。中世纪的椅子有既硬又平的椅座，以及既高又直的椅背，它主要供装饰，而非供人歇息之用。在中世纪，椅子，甚至是盒子一般的扶手椅，不是让人放松、歇息的家具，而是权威的象征。你必须是重要人物才能坐在椅子上，无足轻重的小人物只能坐凳子。诚如一位历史学者所述：如果有资格坐椅子，你一定会正襟危坐，没有人会靠在椅背上。[10]

　　中古时代的家具之所以如此简单而贫乏，原因之一是一般人使用住所的方式。在中世纪其实谈不上真正住在家中，人们只能算是把家当作过夜栖身之处。权贵之士拥有许多住宅，他们也经常旅行。当旅行时，他们会卷起绣帷，将衣箱扎妥，把床拆卸了，然后带着这些东西，连同随身细软一起上路。中世纪时使用的多半属于轻便或可以拆卸的家具，原因正在于此。在法文与意大利文中，"家具"这个词（即"mobiliers"

与 "mobilia"）的意义，就是 "可以移动的物品"。[11]

住在城市的布尔乔亚比较不常迁徙旅行，不过他们也需要可以移动的家具，只是这种需要是基于另一个原因罢了。中世纪的房屋是一处人来人往的场所，不是隐私之处。那间大屋是烹调、进餐、款待宾客、做买卖以及晚间睡眠的地方，里面总是不断有人使用着。为适应这许多功能，里面的家具陈设必须能够视需要而移动。屋里没有 "餐桌"，只有一张可供烹饪食物、进食、数钱、拼凑着还能睡觉的桌子。由于进餐人数多少不一，桌椅的数目也必须随之增减、调整。到夜间，桌子收了起来，床架了出来。就这样，当时并无意尝试任何持久性的家具陈设。有关中世纪室内装置的画，反映出一般人对家具摆设漫不经心的态度，在不使用时，家具只是随意摆放在房间四周。我们从这类画作中得到下述印象：除了扶手椅与之后的床以外，当时并不重视个别家具；在他们眼中，这些家具主要只是装备，而不是重要的个人用品。

中世纪室内陈设的特色包括彩绘玻璃窗、长条形坐凳与哥特式窗饰等，这些特色将当代家具的教会渊源显露无遗。修道院是那个时代的跨国大公司，它不仅是科技创新之源，也影响到音乐、写作、艺术与医药等中世纪生活的其他方面。它们同样也影响到世俗家具的设计，这些家具包括装祭袍的衣箱、寺院餐室用桌、读经台、教士座等等，其设计大多源于宗教性的环境。第一个有记录可循的屉柜，用途在于将教会文件归档。[12] 不过由于教士僧侣的生活原本意在清修，自然不能指望他们为谋求安适而潜心发明、创造，更何况，他们使用的家具绝大多数在设计之初就意在让人无法安适。[13] 有直靠背的长椅让坐着的人无法打瞌睡，迫使他们必须专注于较高层面的事务，而硬座长凳（在牛津各学院迄今仍然可见这种椅子）则使人无意闲坐餐桌之旁，不肯下桌。

但是，中世纪房屋出乎我们意料的不是家具付之阙如（现代建筑物强调的空荡感，已使我们习惯于家具稀少），而是在这些空荡荡的屋内的生活，竟是如此拥挤与嘈杂。这些房子不一定大——比起穷人简陋的住处，它们当然大得多——但里面经常挤满了人。之所以存在这种现象：一方面固然由于缺少餐厅、酒吧与旅馆，因此这些房屋得兼供娱乐与买卖交易的公共集会场所之用；另一方面也因为家庭成员原本众多。家中的成员除了亲人以外，还包括员工、仆役、学徒、友人、被保护人，成员达 25 人的家庭并不罕见。由于这许多人都生活在一间房或充其量两间房内，所谓隐私根本谈不上。*任何服过兵役，或在寄宿学校念过书的人，都不难想象当年生活的情景。只有地位特殊的人，像是圣哲罗姆一类的隐士、学者才能闭门独处，甚至睡觉也是一件必须与人相共的事。在中世纪，

---

* 在许多非西方的文化中也没有所谓"隐私"的概念，日本就是一个著名例子。日文本身没有足以描述这个概念的词，于是日本人采用英文"privacy"（隐私）作为外来语。

一间房内通常摆有好几张床——逝世于 1391 年的伦敦杂货商托基在遗嘱中表示，他在他那间大厅堂中遗有四张床与一个摇篮——不单如此，一张床通常要睡好几个人。[14] 中古时代流行大床的（面积一般都有 3 米见方）原因即在于此。维尔大床（The Great Bed of Ware）确实够大，"能让 4 对夫妇舒适地并排躺在一起，而且彼此间还不致相互干扰"。[15] 处于这种情况，如何能有什么亲密行为？根据判断，他们确实难享亲密。中古时期的画作时常显示，一对夫妇或正躺在床上或正在洗浴，而就在同一时间、同一房内，他们的友人或仆役就在距他们不远处若无其事，而且显然不以为意地交谈着。[16]

不过，我们不能因而骤下结论，认定中世纪的家居生活必然原始。举例言之，洗浴在当时是一种时尚。在这里，修道院同样扮演着一个角色，因为它们不单是信仰的中心，也是清洁的中心。以极重效率的西多会（Cistercian order）为例加以说明，这个教团十分讲究卫生，其创始人圣伯纳在教规中详述了有关卫生的各项规定。西多会教规不仅规范宗教事务，也涉及世俗问题。例如教规中指出，剃度不仅具有象征意义，僧侣们剃头也是为了防治头虱。教规中详尽说明了工作时刻，并且根据一项制式计划，规范了建筑物的设计与布置，就和今天商务旅馆的情形一样。西多会当时在各地设有 700 余所修道院，据说，一位目盲的僧侣能在其中任何一所修道院进出而不担心迷路。[17] 每一所西多会的修道院都有一间盥洗室或浴室，其中装置木制浴盆以及热水设施。餐厅外摆有一些小盆，接着不断流动的冷水，僧侣们餐前餐后就在这里洗手。供垂危僧侣做仪式性洗浴用的免戒室（misericord）坐落于疗养所外。包含厕所的边屋紧靠寝房而建。从这些设施排放的废水，经由加了盖的溪流排走，这些溪流的作用与地下下水道相仿。[18]

布尔乔亚位于英格兰的房屋，绝大多数设有家用排水装置与地下污水池（不过并无下水道）。15世纪的一些房屋（不只是宫殿与城堡）还在建筑物上层筑有所谓"私房"，亦即厕所，并且筑有直通地下室的斜槽，这类例子甚多。[19] 这些排污设施都要定期清理，清出的所谓"夜之土"，会趁夜深人静之际送往乡间，供作肥料。但在更多情况下，厕所排泄物往往直接排入溪流，结果导致井水污染，霍乱疫病时而暴发。这与14世纪的人无法防治黑死病一样，也导因于科学上的无知，而不是由于他们脏乱。当时并不了解黑死病的主要媒介是老鼠与跳蚤。

由于没有教规规范，世俗人士不像僧侣那样遵守卫生戒律，但有证据显示，他们也很重视清洁。14世纪发行的手册《巴黎主妇》（Menagere de Paris）对家庭主妇们有以下告诫："你家的进门之处，也就是会客处以及访客进门的地方，必须一早清扫干净并保持整洁，那些凳子、长椅以及椅垫，都必须拍灰、除尘。"[20] 厅堂的地面在冬天要撒上稻草，在夏天则撒上香草与花。这种令人欣喜的做法有其实际功效，一方面可以保持地面温暖，另一方面还能维持洁净的外表与芬芳的气味。当时虽然没有浴室，但盥洗台与浴盆的使用已极为普遍。只有在修道院中，或在威斯敏斯特宫（Westminster Palace）这类特殊建筑物中，才设有专供洗浴用的浴室。就像其他家具一样，绝大多数浴盆都是可以移动的。[21] 当时的浴盆都是木制的，通常很大，共浴的情况也很普遍。就像今天若干东方文化呈现的情形一样，洗浴在中世纪也是一种社交仪式，通常是婚礼与宴会这类喜庆活动的一部分，伴随洗浴而来的还有谈天、唱歌、吃喝。当然，不免还有做爱。[22]

中世纪的餐桌礼仪相当烦琐，当时的人很重视这些规矩。我们今天以客为尊或提供客人第二份食物的习俗都源于中世纪。用餐前先洗手是至今犹存的，也属于中世纪的另一个礼仪。在中世纪，用餐前、用餐后与用餐时，洗手有其必要，因为当时虽然已经使用汤匙，但叉子尚未被人使用，一般人吃东西主要靠用手抓。这就和今天印度与沙特阿拉伯的情形一样，并不表示粗俗、不文明。食物都盛在大浅盘中，切割成较小的块状，然后置于木盘，或置于切成像墨西哥薄饼或印度薄饼一样的大片面包上，作为食碟馈客。一般人对中世纪饮食文化的印象是讲究自家烹调，食物虽丰盛有余，但不够细致。不过实际上恰恰相反，中世纪菜肴样式之繁杂，足令我们咋舌。城市的发展鼓励了商品贸易，德国的啤酒、法国与意大利的葡萄酒、西班牙的糖、波兰的盐以及俄国的蜂蜜等等，都成为当年流行的商品，而那些富裕人家更爱用来自东方的香料。中世纪的食品绝不平淡无味，当时的人爱将肉桂、姜、豆蔻、胡椒等，与本地出产的香菜、薄荷、蒜以及百里香等调料混合在一起使用。[23] 有关中世纪宫廷宴会的文献记录甚丰，证明这些宴会不仅奢华、菜色众多，就连上菜的先后次序也经过精心策划。而菜色之所以能如此丰盛，一方面固然是因为对饮食文化的讲究，另一方面也是因为一般人在家中养各种动物。于是，王室飨宴的菜单，有时候就像是保护动物基金会列出的动物保护名单，孔雀、白鹭、苍鹭、麻鸭与鹰等，都会列在菜单上。如此放纵口欲固然引人注意，但即使是地位较卑下的布尔乔亚也吃得很好。英国的诗人乔叟曾描绘当年盛行的一道名为"馅鸡"（farced chycken）的菜，这道菜的制作方法如下：用扁豆、樱桃、干酪、麦酒与燕麦填入鸡腔烘焙，再涂以"潘迪美尼"（pandemayne，精细的白面包）粉、香料、盐，并配上用"罗曼尼"（Romeney，一种甘甜的白葡萄酒）调成的酱汁。[24]

那么，中世纪的家究竟是什么样子呢？司各特在《艾凡赫》（*Ivanhoe*）一书中描绘了 12 世纪一座城堡的室内陈设之后，对他的读者提出警告说："这些陈设确实壮观，设计者在品位方面有若干大胆的尝试，但它们谈不上什么舒适，而且当时没有人讲求舒适，也没有人认为这些陈设欠缺舒适。"[25] 20世纪建筑史学者吉迪恩也指出："就今天的观点而言，中世纪的建筑根本没有舒适可言。"[26] 甚至是对中世纪的生活欣羡有

40

加的芒福德也认为："中世纪的房舍实在算不得舒适。"[27] 这些说法都没有错，但我们不能误解。如我在前文所述，中世纪的人并非全无舒适，他们的房屋既不简陋、也不粗糙，我们也不应认定住在其中毫无乐趣，他们确实有其生活乐趣，只是这种乐趣绝不明确。生活在中古时代的那些人所欠缺的，是将舒适视为一种客观理念的认知。

如果我们坐下来享用一顿中世纪大餐，我们会抱怨椅子太硬，但在中世纪，大家进餐时关心的不是坐得是否舒适，而是坐在什么地方。只有少数特殊人物能够坐在餐桌"上席"，坐错地方，或坐在不该与之并肩而坐的人身边，都是严重的失礼。当时的餐桌礼仪不仅规定了 5 个社会阶层的成员应该坐于何处，应该与什么人坐在一起，甚至还规定了他们可以吃些什么。[28] 我们有时认为我们本身的社会管制过严，从而心生不满，但如果置身于中世纪，那种处处受秩序与礼仪规范的生活一定令我们难以忍受。当时老百姓随钟声过着日子。白天分为 8 个时段，在晨间与午后三时敲响的钟声，不仅意在为修道院内祈祷的人报时，也对城市中的工作与商务生活有规范作用。没有通宵营业的商店，市场的开放与关闭完全依据时间。以伦敦市为例，在日九时（午后三时）以前买不到外国进口奶酪，在晚祷（日落）以后买不到肉。[29] 这些规定在机械钟发明问世以后有过调整，根据新规则，上午十时以前不得卖鱼，六时以前不得卖葡萄酒和麦酒。不守规定的人会遭牢狱之灾。

如何穿着也有一定的规矩。中古时期衣着的主要功能在于表达身份地位，当时的礼仪规则详细规定了什么社会阶级的人应该穿什么衣服。一位有重要地位的贵族，每年可以比一位没有爵位的骑士多买几套新衣；商人无论多么富有，也只能享受与最低阶贵族同等的排场，貂皮更是限定贵族才能享用。[30]有些人可以穿织锦，还有些人可以穿彩丝与刺绣料子制成的衣物，甚至连某些颜色也是某些特权阶级的专利。头饰无所不在，一般人也很少摘下帽子，重要人士无论进餐、睡觉，甚至在洗澡时都戴着帽子。除非你是一位主教，在整个用餐时间一直戴着高大的法冠自然不甚方便，否则随时戴帽的习俗并不必然意味不舒适。但这种习俗确实显示，太过强调秩序的中古社会极度重视表面与礼节，宁可将个人舒适置于次要地位。到中世纪行将结束之际，有关衣着的法规更是夸张得几近荒谬，这种拘礼的风气也达于鼎盛。[31]妇女要戴一种高顶、圆锥形、附带下垂面纱的帽子，名为"hennin"；男子则穿"poulaines"（鞋头长得惊人的尖头鞋）、有垂袖的长袍，以及状似迷你裙的紧身上衣。所有男男女女，只要负担得起，无不设法以小铃铛、彩丝带以及宝石来打扮他们的服饰。一位衣着光鲜的乡绅，看起来就像浑身上下珠光宝气的迈克尔·杰克逊一样。

我们可以描绘出中世纪一般人如何吃、穿与住的情况，但如果不设法了解他们如何思考，则这一切描绘并无太大意义。了解他们如何思考并不容易，因为如果所谓"对比的世界"果然存在，则最当之无愧的就是中世纪。在中世纪的世界中，虔诚与贪婪、柔弱与残酷、奢华与贫穷、修行与情欲等等总是并肩而存。相形之下，我们本身生活的这个多少较具一贯性的世界就显得逊色多了。试想象当时一位学者的生活：在教堂（教堂本身也是极其诡异的、圣洁与兽性的组合之地）度过一个宁静而虔敬的上午之后，他可能出席在法场举行的行刑；根据一条迂腐的法规，当局将在这里执行极端残酷的刑罚。绝大多数前往旁观的民众，在受刑犯（于身首异处之前）发表临终遗言时，都会洒几滴同情之泪，如果这位学者也不例外，则这场行刑不会沦为污言秽语的叫嚣之所。生命就是这样，"混合着血腥味与玫瑰的芬芳"[32]。有关中世纪的观念经常植根于音乐与宗教艺术，这使我们对中古时代的感性产生错误印象；比如说，庆典活动往往是上流与下流品位的大杂烩。同样这位学者，在应邀出席一场宫廷宴会时，会在添有香料的水中洗手，与邻座高尚之士互献上流社会的那套殷勤；同时，侏儒会从一块巨型烘饼中跳出来，逗得他捧腹大笑；仆从会骑在马上为他送菜。他一方面面对某些习俗带来的那种极端不雅，另一方面却又处于礼仪规范下那种温文的行为模式中。这两种显然不具共容性的模式，如何能在中世纪融为一体？赫伊津哈认为，中世纪的文化习俗由两个文化层组成，一个是前基督教文明的原始文化，另一个是礼仪与宗教意味较浓的近代文化。[33] 这两个文化层经常相互冲突着，中世纪的人不时设法在残酷的现实，与骑士精神、宗教教义要求的和谐之间寻求妥协，只是这些尝试并非总能圆满成功，而且以我们今人的眼光来看，这些尝试也只算得是一些不能连贯一致的情绪罢了。中世纪那些情绪冲动的人，就这样不断在这两种极端之间犹疑不定。

这种原始与精致的结合，也反映在中世纪的家庭中：悬挂着华丽绣帷的房间，却没有适当的暖气设施；穿着豪奢的绅士与淑女却坐在冷冰冰的硬板凳上；重礼的主人可能花上十五分钟时间，长篇大论地致辞迎宾，到了夜间却三人共床、全不顾及什么个人隐私。他们为什么不采取行动改善生活条件？他们并不欠缺科学技术与发明才智。中古时代的人之所以无意改善生活条件，部分原因在于他们对功能问题有不同看法，特别是当这个问题涉及居家环境时，看法尤其不一样。对我们而言，一件物品的功能与它的用途有关（例如椅子是用来坐的），我们会将这项功能与美观、寿命或风格等其他属性相区隔；但在中世纪的生活中，这类区隔并不存在。每件物品都有其意义与地位，不仅属于物品功能的一部分，也都是它直接用途的一部分，而这两者是不可分的。由于并无所谓"纯功能"这种事，中世纪的人难以虑及功能改善的问题；因为这样的考虑等于是在窜改现实本身。颜色有其意义，事件有其意义，名字有

44

其意义——没有任何事物是偶然的。*之所以有此信念，部分是出于迷信，部分也是因为当时相信宇宙万物皆定于神。至于椅子、凳子这类以实用为目的的物品，由于缺乏意义，也就不值得加以思考。

实用与仪式之间也无甚区分。一些简单的活动如洗手，获得了仪式般的形式，而一些仪式性活动如切面包，却被视为生活中自然而然的一部分，以毫不做作的态度泰然行之。中世纪对仪式的强调，凸显了约翰·卢卡奇所谓中古文明的外在特性。[34] 在当时，事关紧要的是外在世界以及人在其中的地位。生命是公共的事务，个人就像没有强力发展的自我意识一样，也没有属于自己的房间。中世纪的家饰陈设之所以如此贫乏，不是因为少了舒适的座椅或中央暖气系统，而是因为当时众人并不在这方面用心思。实际情况并非如司各特所说的"中世纪的人不知舒适为何物"，而是他们不需要舒适。

卢卡奇指出，仅仅在两三百年以前，英文与法文中才出现"自信""自尊""忧郁""伤感"这类具现代意义的字词。这标示人类意识中出现了一个有关个人、自我与家庭的内在世

---

* 在中世纪，就像对待教堂的钟、剑与炮一样，大家也会为房屋取个适当名字，而将房屋个人化。这种习俗一直持续到 20 世纪：希特勒称他在乡间的那栋别墅为"鹰巢"；丘吉尔也遵照英国人自我嘲讽的风格，称他的房子为"舒适的猪窝"。但随着大家逐渐赋予房屋经济价值，而不是情绪价值，房屋的名字也逐渐为数字所取代。

界，这是之前完全没有的；唯有在这样的环境中，家居舒适的沿革才有可能向上提升。这种变革不仅仅是一种单纯的、对生理舒适的追求，它始于人类开始将房屋视为一种新兴的室内生活。套句卢卡奇的话说："正如中世纪一般人贫乏的自我意识一样，他们的房屋也没有什么室内装饰，就连贵族与国王的厅堂宫殿也不例外。房屋的内涵是与心灵的内涵共同出现的。"[35]

从中世纪结束一直到 17 世纪，室内生活情况的改变很缓慢。[36] 房屋建得比过去更大，也更加坚固（例如石材取代了木材），但是欠缺实体乐趣的情况依然不变。室内装饰出现了一些小小的改善：原先极昂贵的玻璃变得比较便宜，开始取代油纸成为窗户的建材，不过可以开启的窗户在当时仍然罕见。[37] 有架板的壁炉与烟囱（烟囱早在 11 世纪已经发明）逐渐普及，壁炉通常装在住得人最多的房间。不幸的是，当时壁炉设计得很差，气孔开得太大、炉床也做得太深。就这样，前后数百年间，装上壁炉的房间既烟雾呛人，又不很暖和，这种情况直到 18 世纪才见改善。上有釉彩的陶炉首先出现于德国，之后缓缓散布于欧陆其他各地。这种陶炉虽然早在 16 世纪已引进法国，但它们在 200 多年之后才开始流行。[38] 此外照明设施依然粗糙，直到 19 世纪初期煤气灯问世前，人类还无有效的夜间照明之道。蜡烛与油灯很昂贵，未经广泛使用，所以绝大多

46

数人在入夜以后，就上床睡觉了事。[39]

就洗浴而言，从中古的标准来看人类不进反退。在中世纪的欧洲，绝大多数城市建有大量公共澡堂，像医院一样，这也是返回欧洲的十字军抄袭回教文化的产物。但这些澡堂在16世纪初期逐渐沦为妓院，随即遭禁，直到18世纪才重现。[40]由于私人浴室并不存在，公共澡堂的查禁对保持个人卫生产生一定影响。更何况水的供应也逐渐成问题：随着巴黎与伦敦这些城市越来越大、人口越来越稠密，中世纪建成的那些水井渐遭污染，因而不得不越来越仰赖街头的公共喷泉。在1643年，巴黎街头有23个这样的喷泉。[41]能正确反映当时卫生状况的总用水量减少了。为解决这个问题，当局极力设法将水引入住户家中，特别是引入上层楼房住处，但是严格限制用水，曾在中世纪风行一时的洗浴也因此过时。

公共卫生设施仍很原始，情况比中古时代好不了多少，为了有所改善，当局确实也做了一些事。在16世纪之初，巴黎市颁布一道法令，规定每栋房屋必须有一间能将废物排入地下污水池的厕所。[42]共享的厕所一般位于一楼，有时则建于第二层的楼梯间旁。[43]一栋房子建有两三间厕所丝毫算不得奢华，因为它通常要住三四十个人。尿壶的使用很普遍。由于没有下水道与污水管，大家在倾倒尿壶时也像处理一切脏水时一样，草草了之。对于在上层楼方便的人而言，所谓草草了

47

之，指的是将尿壶中的东西从窗口直接倒入街心。*

实质上的居家舒适度的改善虽然缓慢，但其他的改变正在成形——不是科技方面的改变，而是行事方式与态度方面的改变。欧洲最壮观的城市首推巴黎，而且我们拥有 17 世纪在巴黎建造的各类型房屋的详尽资料。[44] 我们在一块原始中古的建设用地上见到一栋典型的布尔乔亚房屋，但它是一栋四五层楼的建筑，而不是一栋两层楼房。这反映出当时这个迅速成长的城市一地难求、地价高昂。这栋房子围着一处天井而建，房屋最底层建有店面与畜舍，以及屋主和他的家人、仆人与员工的住处。就住宿者成分以及屋内进行的活动类型而言，这仍然是一栋中世纪的房屋。房屋的主室称为"大厅"（salle），这是一间类似厅堂的大房，供进餐、娱乐与会见访客之用。烹调不再使用中央炉床，而有一间专供烹调的房间行之。烹调的味道被当时那个臭味四溢的社会认为是令人不快的，因此厨房一般不在大厅附近，而在天井另一边，距离较远的地方。尽管仍然有人支着折叠床睡在大厅里，但一间专供睡眠之用的新房

---

* 据说，英国俚语称厕所为"loo"，正是源自这种倒尿壶的习惯。在 18 世纪的爱丁堡有一个习俗，就是在向街心扔出秽物以前，首先应大声喊叫"Gardyloo"以示警。这其实是当年苏格兰人模仿法国人警语"Garde à l'eau"（小心，水来了！）时，发音有误而形成的结果。至于何以当年苏格兰人学法国人这样说，就不得而知了。有关这个俚语，另有一个较没那么有趣的解释：18 世纪时，法国的建筑图纸经常称有厕所的房间为"petits lieux"，或者直接称为"lieu"，于是英国人也称厕所为"loo"。

间已然出现，这房间叫作"寝室"（chambre）。与寝室相连的，还有另外一些房间，包括穿衣室（garde-robe，与英国人的厕所不同，是储存衣物或更衣的房间），以及储藏室（cabinet）。不过这些名称往往使人误解，因为无论穿衣室或储藏室都是有窗的房间，都大得足以让人睡在里面，而且经常还设有壁炉。

典型的巴黎布尔乔亚房屋住着不止一个家庭，它比较像是一种公寓楼。上层楼房由搭配有穿衣室与储藏室的寝室组成，供人租用。不过这些房间一般不分租多家房客。房客可以视其所需，或者说视其力所能及，愿意租几间就租几间房，通常他们都租下不只一层的房间。这些房间很大，寝室至少有7米半见方，穿衣室与储藏室的面积也约与现代卧室相仿。但提供房客的住宿设施从不包括大厅或厨房，寝室的壁炉已大得足够在上面煮食，所以家庭生活仍然在一间屋内进行。无论如何，主人的生活已与仆人分隔，仆人与小孩通常睡在主人寝室附近的房间，证明当时一般人对较大隐私的渴望。

租用住宿设施的存在，凸显自中世纪以来即已出现的一种改变：许多人不再在同一栋建筑中生活与工作。尽管大多数商店老板、商人与工匠仍然"在店中生活"，但在越来越多的布尔乔亚阶级人士（包括建筑商、律师、公证人与公务员等）心目中，家逐渐成为一个纯供居住的处所。就外在世界而言，这种生活与工作区隔的结果，使家成为一个比较隐秘的地方。随着这种住处隐私化潮流不断兴起的，是一种亲密感，一种完全将住宅视为与家庭生活等同的意识。

不过在这些家中，个人隐私相对而言仍然未获重视。在1608年，经亨利四世任命为皇家建筑师、曾设计卢森堡宫的萨洛蒙·德·布罗斯，就与他的妻子、7个子女以及若干仆役共同住在连在一起的两个房间中。[45] 这两个房间不单住满了人，也摆满了各种家具，有碗橱、柜橱、餐具架、餐台、盥洗台等。这是一个讲究阅读书写的时代，需要有供书写的桌子，如写字台、书桌以及书架。四柱的床开始普及（萨洛蒙·德·布罗斯拥有四张这种床），而且一般都附有床帘，这种帘幕不仅为使用者带来相当的暖意，也为他们带来一些隐私。

现代对家饰的热衷起始于17世纪。人们开始视家具为一种值得珍惜的财产，认为它们是室内装饰的一部分，而不再仅仅是装备而已。这些家具通常不是由橡木，而是由胡桃木制成的，或者在更为讲究的家庭中是由黑木制成的；在法国，制造橱柜的工匠迄今仍称为"黑木匠"（ébéniste）。座椅已经比过去考究得多。16世纪末为方便穿着大蓬裙的妇女而出现的背凳，已逐渐演进为没有扶手的椅子，这种椅子通常装有椅垫与椅套。在中世纪一直流行不衰的直背椅，这时已被椅背有斜度、较适合人体靠坐的椅子取代。这个时代的家具种类繁多，胜于过去任何时代，不过尚未配置于特定房间，布置摆设也仍然缺乏想象力。

只是这种17世纪的室内装饰，让人无法产生真正的亲密感。在中世纪，一般会在房里摆有椅子、洗脸台与有顶盖的床，只是摆设方式几乎全无章法可言。这些挤得满满的房间实在算不上有什么摆设。那情况就仿佛房屋主人一时兴起，出门大事采购，第二天才发现没有足够空间堆放买来的那许多东西。造成这种现象的源头，正是博斯在其雕刻作品中所挖苦的那种布尔乔亚阶级的神经质。博斯在这些作品中描绘布尔乔亚阶级整天只知营营碌碌，房屋对他们而言，充其量不过是一个社交场所罢了。夹于贵族与下层阶级两者之间的法国布尔乔亚，一直在努力调适，希望自己不但能有别于下层社会人士，也能达到贵族的生活水平。

贵族与最富有的布尔乔亚，住在宽广得多的独栋城市房屋中，这些称为"府邸"的房屋不仅建筑宏伟，装饰也颇奢华，亦即我们所说的华厦。府邸有大有小，其中大的如兰柯特府邸（Hôtel de Liancourt，部分为萨洛蒙·德·布罗斯设计），围绕两个大天井建有五座相连的楼阁，至于较小型的府邸有些仅有 12 间房。这些建筑也开始表达一种日益增长的、对隐私的渴望，一般藏身于平民住宅后方，外表看来不甚起眼，花园与院落在大街上是看不见的，但是一旦进入室内，一切装潢摆饰都经过精心布置，令人印象深刻。以兰伯特府邸（Hôtel Lambert）为例，那曾是审计法院院长让-巴蒂斯特·兰伯特·德托里尼的住处。在穿越一座令人叹为观止的院落之后，访客登上华丽的大梯，通过一条椭圆形走廊，来到前厅；像过去一样，这间屋子仍然是会客室与仆人的卧室，院长先生的卧室则在更里面。这些房间彼此间没有互通的走廊，每一间房都与邻接的房直接相连。这座府邸的建筑师颇为自豪地说，所有这些房间的门都齐整地叠于一侧，这种开门方式可以使人从房子一端毫无阻拦地看到另一端。府邸的设计考量，显然首重外观，不重隐私；因为无论是仆从或宾客，都必须穿越一间房，才能到下一间房。

就如同隐私遭到忽视一样，卫生也不为人所重视。厕所设施在当年被视为鄙俗。像德托里尼这类显要之士并不如厕，方便时用的设施要移到他们面前供他们使用。所谓"贴身凳子"是一种上面覆盖着坐垫的箱子，当贵族需要方便时，仆人就将它抬到贵族面前供贵族使用。不过这种"贴身凳子"不能一直摆在室内，因为根据一位 19 世纪历史学家的说法，这东西是一种"活动的、散播恶味的装置"。[46] 在路易十四王朝，凡尔赛宫内几乎有 300 个这样的凳子，不过似乎仍嫌不够，因为正如奥尔良公爵夫人在她日记中所说的："宫廷中有一件我永远无法习惯的肮脏事：住在我们门前走廊的那些人总是随处小便。"[47] 比较拘礼的巴黎人会驾着马车来到杜伊勒里宫（Tuileries），然后下车藏身于林木之中方便。[48]

兰伯特府邸中并无浴室。这固然是因为当时认为经常洗澡是没有必要的。此外，专辟房间供洗浴之用的这种念头，也会令 17 世纪的巴黎人大惑不解。之所以如此，倒不是因为这

52

些大宅没有辟建浴室的足够空间，而是因为当时还没有任何赋予个别房间特定功能的构想。例如，当时没有所谓餐厅：桌子都是可以拆解的，而大家在屋内各处吃东西——或在大厅，或在接待室，或在卧室，完全取决于他们的心情，或当时宾客的数目。[49] 摆有一张床（但只有一张床）的卧室，仍然是社交的场所；就像那些较小的布尔乔亚住处的情形一样，仆役与女佣都睡在邻接的穿衣室与储藏室中。17 世纪时，府邸的内部设计出现了小幅度变化，这些变化显示大家对亲密的感知已逐渐增强。过去只有男仆使用的储藏室，有时转而成为一间比较私密的房间，供书写等隐私活动之用。在兰伯特府邸中，院长寝室外就有这样一间屋子，这个房间由画家勒苏厄根据爱神主题装饰，称为"情爱之屋"（cabinet de l'Amour）*。有时大家会在大寝室中建一处凹室，把床安置其中，这处凹室几乎成了一间单独的卧室，但又不尽然。这种凹室设计的发明人是拉布雷侯爵夫人。她从罗马来到巴黎，那年严寒的冬天，那间又大、暖气设施又极差的卧室让她吃足了苦头，于是她在 1630 年将穿衣室改建为一个较隐秘的小卧室。[50] 餐厅（salle à manger）一词的首次使用出现于 1634 年，不过直到下一世纪，专供进餐、娱乐与谈话使用的房间才逐一出现，取代了多用途的

---

* 所谓情爱之屋，是否果如其名而用于情爱缠绵呢？实情可能真是如此。当时布尔乔亚的家庭中的那种亲密感在贵族家庭中是没有的，夫妇通常分房生活与睡觉。院长夫人在她先生的寝室的楼上，拥有一间同样豪华的、属于她自己的寝室。

大厅。[51]

这些府邸在天花板上作画，墙壁上也饰有壁画、壁板与镜饰，装扮得美轮美奂。兰伯特卧室的天花板，饰有勒苏厄的三幅以爱神丘比特传奇为主题的画作。但在这些豪宅中很难找到一丝家的气息；府邸中有许多美丽的家具，但只是孤零零地在巨型房间中贴壁摆着，完全没有屋隅搭配的设计。虽然房间根据不同的古典主题，如爱神、缪斯、赫拉克勒斯等来装饰，但它们欠缺因人类活动而产生的那种家居气氛。

这些室内装饰所欠缺的，正是马里奥·普拉兹在一篇有关室内装饰思想的论文中所谓的"Stimmung"，即由房间与房内家饰创造的一种亲密感。[52] 所谓亲密感是一种特质，形成这种特质的关键，主要不在于功能，而在于房间展现其主人个性的方式，套用普拉兹一句颇富诗意的话加以形容，也就是房间反映主人灵魂的方式。据普拉兹说，亲密感首先出现于北欧。早在 16 世纪，丢勒完成《书斋中的圣哲罗姆》那幅作品时，亲密感已经问世。在这幅作品中，丢勒以一种细腻入微的方式，刻画出散置于这间零乱房间中的各件物品，透窗而入的阳光不仅温暖了伏案工作的老人，也将外在、自然的世界引入这间房的内在世界。而就是在这种细腻的刻画方式与透窗而入的阳光中，亲密感呼之欲出。奇怪的是，那头温驯的狮子唯独更加凸显整幅画面的亲密感。我们且将这幅作品与意大利画家安托内洛略早以前一幅同样主题的画作做一比较。在安托内洛的这幅作品中，书房中的陈设与丢勒的版画所述相仿：有书本、一个读经台、一双拖鞋，还有一头狮子，只不过这头狮子躺卧在画面的背景，而不是前景中。安托内洛也以一种极其详尽的方式描绘了画中的这些人与物（他曾留学荷兰，将佛兰德人的技艺引进意大利），但效果不同。在安托内洛的画作里，圣哲罗姆坐在一个极不自然的、舞台似的布景中，或者应该说，他只是在这布景中摆着坐姿，环绕他周身的是一片巨大的拱形布景。整个画面毫无亲密之感。画面中的那些元素确具优雅之美，但它们占有的地位过强，加以周遭环境过于拘泥于形式，于是造成一种矫饰做作的气氛。这些室内摆设没有告诉我们任何有关这位主人的事；事实上，我们甚至并不真正相信屋内这些令人困惑的小摆饰是他的东西，也不相信他与这些东西有什么关联。

要在 17 世纪的欧洲寻找能展现亲密感的室内装饰，必须把目光置于北方。谨举一个记录得很完整的例子来说明。这个例子描绘的是 17 世纪末期住在克里斯蒂安尼亚（Kristiania，今奥斯陆）的一个挪威家庭。[53] 在当时，挪威是丹麦的属国，而克里斯蒂安尼亚还只是一个人口不满 5000 的小镇（在 1624 年曾毁于大火），这小镇绝对算不上什么重要地方。乡野味十足的克里斯蒂安尼亚可说是"跟不上时代"，而布仑与他的妻子玛莎的住所，应称得上是 17 世纪早期欧洲小城布尔乔亚生活方式的典型。

布仑是一位装订书籍的工匠，他在家里工作。他的家是一栋两层楼、半木制的建筑，包括装订坊、畜舍、谷仓、装干草的草房，还有许多环绕天井而建的储藏室；其中临街处为住所。布仑夫妇于新婚时买下这栋房子，之后予以扩建，加盖了第二层。他们原先买下的房子，包括一间大厅，左右两边分别是一间小厨房与一个相邻的小单间。布仑夫妇的扩建颇具雄心：它包括在较大的宴会室（selskapssal）两旁各建两个房间。原先这栋房子的大小约与一栋现代平房相仿（约有132平方米），对布仑一家人而言是太挤了，因为共有15人住在里面；除布仑夫妇与他们的8个子女以外，还有3个员工与2个仆人。

布仑的房子，是历史学家菲利普·艾利斯所谓"大房子"的典型范例，这种住"大房子"的生活方式，不仅是17世纪，也是15、16世纪富裕的布尔乔亚的生活方式。[54] 所谓大房子的一项主要特性是它的公共性。就像在中古时代的前身一样，它也是日常生活中各种事进行的场所，举凡商务、娱乐与工作都在这里进行，房里总是挤满亲戚、宾客、顾客、友人和相识的其他人。虽然布仑的房子有许多可以住人的房间，但他与玛莎并没有一间"主卧室"，夫妇两人带着3个最小的孩子睡在楼下大房的一张大型四柱床上。他们的5个年岁较长的子女，包括一个13岁的当学徒的儿子，一个19岁的因病无法工作的儿子，两个幼女，还有一个21岁的已经订婚准备出嫁的女儿，都睡在厨房旁边一个房间的两张床上。两个女仆也睡在那间楼下的大房里，或许这样做，玛莎才能监督她们；她们是来自乡下的女孩，布仑夫妇必须负责她们的教养问题。3个男性员工中有两人睡在楼上一间房内，他们共享一张床。第三个员工是个年轻学徒，他睡工作坊，因为每天早起生火是他的责任。

根据中古时期的传统，绝大多数白天的活动都在楼下那间大房中进行。大房正中央摆着一张桌子与四把椅子；其他家具则贴壁散置在房间四周。除了那张大床以外，还有八把椅子，另外还有一把男主人专用的高背扶手椅、一把待客的扶手椅、一个橱柜与两个箱子。当有访客时，椅子置于凸窗前，于是形成一个临时的会客区。厨房中有一个大炉床，还有一张附带几把凳子的小桌。厨房中没有碗橱，铜制与白镴（锡铅合金）制的器皿就挂在墙上。所谓宴会室只摆着寥寥几把椅子；就像19世纪的会客厅一样，这个宴会室大多数时间都空着，只有在节日与庆典等特殊场合时才会使用。其他几间房内，除床与储藏衣物的箱子以外，并无其他家具。房里没有浴室。每个人都在天井中洗浴，或利用厨房每星期洗一次澡。*

布仑家人于黎明时分起床。早餐一般很随便，而且是各

---

* 在整个欧洲各地，一周七天的每一天都以基督以前的神祇名称命名，例如周三（Wednesday）的名称来自Wodin，周四（Thursday）的名称来自Thor等，唯独北欧的语言例外。在北欧语中，周六（Lørdag）的名称来自一种人类活动，代表"洗澡之日"，显示北欧人对洗澡的重视。我之所以能注意及此，全因我的同事诺伯特·肖瑙尔的提醒。

自进餐。布仑与他的员工在用完早餐以后就前往邻室工作。玛莎带着女仆取水（天井中有一口老水井，不过大部分用水都取自街头的一个公用水泵），做些小规模的洗衣工作（大规模的洗衣一年两次，在附近的艾克河［Aker River］进行），并处理其他一些杂务；准备食物占去她们大部分时间。像绝大多数住在城里的人一样，布仑夫妇也在城外拥有一小片地，用以种草（供驴马食用）与种蔬菜，他们之所以腾出住处大片空间以贮存食物，原因即在于此。有趣的是，他们有时会在城外那片地的一个小谷仓内小住一夜——这就是"避暑小屋"的滥觞。午餐在布仑家是一天的主餐，包括员工、仆从等一家15人一起享用。傍晚时分，只有家属在一起用餐，不过较年幼的孩子与学徒在厨房进食。一天结束得很早，一般人们在日落后不久就就寝。

在挪威漫长的冬日，布仑家人如何取暖？仅靠厨房与工作坊中的炉床必然满足不了取暖的要求，因为所在的位置使它们无法增添其他房间的暖意。布仑夫妇想出好办法，于加盖房屋时在某些房间设置了炉灶（确切位置不详，不过有可能一个设在大厅，另一个设在一间楼上的房间里）。以炉灶取暖是一项创新，布仑家人是使用这种办法的"街坊上第一家"。炉灶不仅使房间温暖舒适得多，而且不同于炉床的是不会造成弥漫房间的烟雾。不过，由于还是有许多房间没有取暖设施，而且每一间房至少有两面暴露在外的墙，尽管设有炉灶，这房子一

58

定仍有寒气逼人的角落。像当时所有其他的房子一样，这栋房子也没有室内走廊，如果你要上楼或到工作坊，你必须在室外冰冷的空气中穿行。所以在冬天前往位于马厩旁的厕所，滋味一定不好受。

布仑一家人就在同样的环境中生活与工作，他们绝大多数的活动在一间或两间房内进行，不过这家人过的已经不再是中世纪的生活。尽管还比不上位于巴黎的布尔乔亚家庭，但他们已拥有较多家具。炉灶的使用不仅带来更多舒适与便利，也使布仑家人能将房子做更进一步的划分与利用。虽然主屋仍作为大厅使用，其他一些房间，如厨房与卧室等，已开始具备若干特定功能。

较技术性创新更加重要的是家居安排的改变。布仑夫妇仍然带着几个幼儿共睡一张大床，但他们年龄较长的子女不再与他们同住一间房。我们可以想象布仑与玛莎在将子女送到楼上就寝以后、独坐大厅中的情景。房中很安静，一天的工作已经做完，夫妇俩就在烛光中聊着。这是一幕简单的景象，但一场人际关系的革命就此出现。夫妇两人开始以一对夫妇的方式做自我思考，或许这是他们有生以来第一次这样思考。甚至 20 年前他俩的洞房花烛之夜，也因中世纪那种喧嚣与随意的庆祝方式而成为一场公共事件。他们两人很难得共享亲密生活，而就是在这样一种不起眼的、布尔乔亚的家居生活环境中，家庭生活开始具有一种隐私的层面。我们以布仑夫妇的生活为例说明这场革命，但事实上，这场人际关系大改变同时也在北欧与中欧各地出现，它的重要性难以笔墨形容。人类首先必须取得隐私与亲密的经验，才可能在意识中纳入以住所为家庭生活根据地的观念，而在中世纪的大厅中，无论是亲密还是隐私都不可能出现。

亲密出现于住宅，也是发生于家庭中的另一项重要改变促成的结果：子女的介入。中古时代对家庭的观念在许多方面与今天我们的观念不同，特别是当时对子女的那种绝不感情用事的态度，尤其与今人有别。在那个时代，不仅穷苦人家的子女必须工作，而且无论任何家庭，子女只要年满 7 岁，就会被父母送到外面工作。布尔乔亚家庭的子女一般被送往工匠处当学徒，较高阶层家庭出身的子女则被送入贵胄之家当仆从。无论属于哪一种情况，父母都指望子女们在外面一面工作，一面学习。在中世纪宴会中当侍者的，是贵族家庭的子女，而不是主人雇用的家仆。法文中 garcon 一字，兼指年轻男孩与咖啡厅侍者，即源出此一习俗；无论是送往店铺学手艺，或是送进宫廷当随从，这种学徒过程同时也扮演着教育儿童的角色。这种情势在 16 世纪开始转变，因为原先纯属宗教性质的正式学校训练在这时逐渐扩展，并取代了学徒式教育方式，至少在布尔乔亚阶级情况如此。[55] 布仑的两个女儿（一个 9 岁，一个 11 岁）都在学校受教育。尽管学校教育的时间不长（布仑那个给自己当学徒的 13 岁的儿子已经完成了他的教育），但再怎么说，这意味子女们在家的时间比过去多得多了。数世纪以来第一次，父母可以看着子女们成长。

家庭生活中出现许多年龄不同的孩子，也造成一种态度上的改变，这改变在布仑家关于睡觉的安排中清楚可见。照理说，布仑夫妇应该根据性别分隔年轻的孩子，这样做不仅容易，也似乎顺理成章；但实际情况是，仆人与员工有他们自己睡觉的房间。甚至那个在当学徒的男孩，也要与他的姐妹们而不是与同事们睡在一起。布仑夫妇之所以如此安排并非出于歧视，因为无论哪一间卧室都没有区别，其用意只为将家中亲人与其他人分开。不过这种区隔仆人的做法近乎草率；之后，大家开始以建筑形式进行这种区隔，将仆人分派到地下室或阁楼中住。这样的区隔虽不完整，因为一家 15 口人仍然至少每天在一起共进一餐，但毕竟还是促成了家庭自觉意识的提升。

家居生活实质上的舒适，供水与取暖这类科技的进步，以及住宅内部细部设计的改善等等，都还是 18 世纪以后的事。但从公用的、封建式处所，转型为隐私的家庭式住所的变化已经展开。家居生活亲密意识的不断增长，如同任何科技装置一样，也是一项人类的发明。事实上，这项发明还更为重要，因为它不仅影响我们的实质环境，也影响我们的良知。

第三章

家居生活

插画说明：伊曼纽尔·德·韦特，《仕女在室内弹奏小键琴图》（*Interior with a Woman Playing the Virginals*，1600 年）

家居、隐私、舒适，以及有关住处与家庭的概念：这些的确都是布尔乔亚时代的首要成就。

——约翰·卢卡奇，《布尔乔亚的室内装饰》

（The Bourgeois Interior）

亲密与隐私首先出现于巴黎与伦敦的家庭中，没隔多久，甚至像奥斯陆这类名不见经传的小地方也开始强调亲密与隐私。这种风尚是对都市生活条件变化的一种不自觉，甚而几乎是无意识的反应，而且它似乎主要是一种民众态度的问题。对于如此模糊的一种事物，追踪其演变过程自然很难，而且我们也不可能指明现代家庭观念在某个单一地点首次进入人类意识。因为，我们毕竟无法确知这种意识发现的起始点，不知道首先开始注重亲密与隐私的人是谁，也没有有关这个主题的理论与论述。不过17世纪的室内家饰确实在某一地方出现了独特的演变方式，这方式至少堪称一种范例。

在历经对抗西班牙的30年战乱后，成立于1609年的尼德兰联省国（The United Provinces of the Netherlands，即荷兰），当时是一个崭新的国家。它是欧洲最小的国家之一，人口只有西班牙的四分之一、法国的八分之一，土地面积比瑞士还小。它没有什么天然资源，既无矿产也无森林，而且仅有的小小耕地还需要不断设法保护，以防海水浸蚀。但令人称奇的是，这个"低地"国的声势很快扶摇直上，成为一个强国。在很短一段时间内，它成为全世界最先进的造船国，并且建立了大规模的海军舰队与渔船、商船队伍。它的探险队员在非洲、亚洲与美洲都建立了殖民地。荷兰人还首创多项金融措施，使它成为一个经济大国，而阿姆斯特丹也成为全球金融中心。它以制造业为主的城市飞快成长，到 17 世纪中叶，荷兰已经凌驾法国之上，成为全世界主要的工业国。[1] 它的大学在欧洲首屈一指；它宽容的政治与宗教气氛，也为斯宾诺莎、笛卡尔与洛克这些流亡海外的思想家提供了归宿。这个人才济济的国度，不仅造就了许多富于企业进取精神的资本家，与善于投机的郁金香贸易商，也成就了伦勃朗与维米尔这样的艺术家。荷兰不但设计出人类有记录以来第一次军事演习，也发明了人类第一部显微镜；不单投资兴建从事印度贸易的重武装大商船，也花钱建设美丽的城市。所有这一切都出现于历史上短暂的一刻，从 1609 年持续到大约 17 世纪 60 年代，前后时间仅只与人的一生相近，荷兰人称这段时期为他们的"黄金时代"。

这些令人惊羡的成就是几种因素的成果，其中包括荷兰在欧洲海事贸易中占据有利地位，以及荷兰国界易守难攻等等，但最主要的一项因素，是荷兰社会具有的一种不同于欧洲其他各地的特质。荷兰人主要是商人与地主。不同于英国的是，荷兰几乎没有不具地产的贫农，农人绝大多数有自己的田地；不同于法国的是，荷兰没有势力强大的贵族，历经独立战争的摧残，荷兰贵族人数既少，也不再富有；不同于西班牙的是，荷兰没有国王，国家元首称为 stadhouder，不过这只是一个象征性的职位，实权很有限。这个出现在欧洲的第一个共和国，是个组织结构松散的邦联。它由邦联大会（States General）统治，邦联大会由 7 个主权省份从中上阶层选出的代表组成。

荷兰的居民形态也与其他各地大不相同。早在 1500 年，所谓低陆地区（Low Countries，当时也包括比利时）共有 200 多个防御性城市与 150 个大型村落。[2] 到 17 世纪，低陆地区 3 个最强大省份——荷兰、泽兰、乌得勒支的大多数人民已生活于城市中。阿姆斯特丹已经成为欧洲重要大城，鹿特丹是一个欣欣向荣的海港，莱顿则是一个重要的制造业中心与大学城。不过，使荷兰有别于其他国家的不是它的大城市，而是它的许多较小的城市。荷兰境内中型城市的数目，比法国、英国或德国等比荷兰大得多的国家还要多。[3] 规模最大的 18 个城市，在省的议会中各有一票，这表明了它们的重要性与独立性。简言之，当欧洲其他各地基本上仍属一片农业景观之际（甚至在都市化的意大利，绝大多数百姓仍为农民），荷兰已经迅速成为一个主要为城市人口的国家。拥有自治历史传统的荷兰人，在天性上就是布尔乔亚阶级。[4]

在此需对 17 世纪荷兰社会的布尔乔亚特性做若干解释。我们称它为布尔乔亚阶级，并不意指它完全由中产阶级组成。荷兰有农人，有海员，在莱顿这类制造业城市也有工人。特别是那些工人，尤其未能因荷兰当时的繁荣而获利，他们的生活情况与欧洲其他地区的贫民一样困苦。像欧洲所有其他城市一样，荷兰也有一群都市贱民，他们的组成分子包括穷人与罪犯、失业者与无力就业者、乞丐与流浪汉等。但荷兰的中产阶级在全国人口中占有主控地位，而且包容范围广阔，不仅有国际金融家，也有店铺老板。当然，荷兰的国际金融家不会自我认同于商店老板，更不会与后者为伍，就算那些老板生意大发也不例外。不过，这种因赚钱而地位提升的例证在荷兰层出不穷，因为荷兰社会不是一个静态社会，社会地位主要取决于收入。布尔乔亚同时也是位尊权重的精英，是统治阶级，他们负责选出治理城镇的执法官与市镇首长，再通过这些官员治理国家。以欧洲的标准而言，这是一种极度扩展的民主，而这种"商人阶级的社会独裁"（这是一位历史学家对荷兰社会的评语）创建了第一个布尔乔亚阶级之国。

17世纪荷兰的日常生活充分反映了布尔乔亚阶级的各种传统特性：冷静而温和的行事作风、对勤奋工作的仰慕，以及在处理财经问题时的几近小气等。在一个以商贩与贸易人为主的社会，节约的习性自然容易养成；更何况在荷兰这样的国度，大家必须共同努力投资兴建运河、堤坝、堰与风车等等，以防北海肆虐，节约于是更加蔚成风气。荷兰人同时也是一个比较单纯的民族，他们没有南欧的拉丁民族那么热情洋溢，没有邻国的日耳曼民族那样多愁善感，在聪明智慧方面也不及法兰西民族。荷兰历史学家赫伊津哈指出，荷兰人的个性之所以趋于单纯，主要因为荷兰有大片填海形成的低地与运河，地形平坦无坡，缺乏高山深谷等引人遐思的、壮丽的地理景观。[5]另一同样重要的因素是宗教。尽管荷兰人只有约三分之一是属于加尔文教派，但加尔文教派仍为荷兰国教，对荷兰人日常生活产生重大影响，为荷兰社会添加了严肃与节制的意识。

在所有这些环境熏陶下，荷兰人崇尚节俭、不喜奢华挥霍，并自然而然地养成一种保守的态度。荷兰布尔乔亚的单纯通过许多方式得以自我呈现。举例说，荷兰男子的衣着就十分简单。他们穿的紧身上衣与长裤，就仿佛今天商界人士穿的三件一套的西服一样，既保守又不受流行服饰的影响；他们所穿衣服的布料质量或有差异，但样式一般都是一连几代不变的。他们最喜爱的颜色都是暗色的：黑色、蓝紫色或褐色。在伦勃朗那幅著名的集体画像中，制衣公会的那些官员显然都很富足（他们饰以蕾丝的衣领，以及剪裁得很精细的袍服可以为证），但他们衣着的色泽却晦暗、单调得令人不敢恭维。他们的妻子同样打扮平实、朴素，没有人像当时法国布尔乔亚的妇女那样衣着光鲜、夸张，而且不断更换潮流。荷兰人极度不尚浮夸，也正因如此，我们很难在那个时代的画作中分辨谁是官员、谁是从属，谁是女主人、谁是婢仆。

荷兰人的住处也同样明显地展现出了这种单纯与俭朴。他们的住屋没有伦敦或巴黎的城市屋展现的那种矫饰，而且通常为砖造与木造，而非石造。荷兰人之所以喜用砖与木造屋，是因为这类建材较轻，由于低陆地区沼泽多，建筑物通常需要打桩以强固地基，如果能减轻负重，地基的成本也能降低。但砖材本身不能细加装饰，它不同于石材，不能雕琢；也不同于水泥，不能灌模塑造成饰物与浮雕。因此，荷兰建筑物造型多半简单，充其量有时以石材在角落与门、窗附近加饰一些浮雕。荷兰人对砖、木建材情有独钟，主要因为这类建材的质地颇为令人欣喜；毫无疑问，它们的经济划算也是令实事求是的荷兰人动心的重要原因——荷兰人甚至在建造公共建筑时都使用砖、木建材。

建造运河与地基打桩的高昂费用，迫使街廊尽可能缩减；其结果是，荷兰城市的建设用地极端狭窄，有时宽度仅为一间房。房屋排成一排，彼此相邻，而且通常共享隔墙。呈"山"字形的屋顶，覆以红色黏土制成的瓦，屋顶两端面街处一般建有梯阶，于是形成荷兰城市著名的特色。"山"字形屋顶的顶端设有木架与钩，用来将家具与其他物品吊往上层楼房。中古时代荷兰房屋的内部设计，包括一间"前室"（商业活动在此进行）与一间"后室"（烹调、进餐与睡眠之处）。房屋正前方是一块地势略高于街面、游廊似的门阶，门阶上设有长椅，有的还加设了有遮护功能的木棚。傍晚时，一家人就坐在这里与路过的行人打招呼。房屋底下建有一个浅地窖，地窖的地面绝不低于邻近运河的水平面。随着家庭经济情况逐渐好转，这些房屋也开始朝唯一可能的方向进一步扩展：向上扩建。屋主会在上面加盖两层，有时甚至加盖三层。

荷兰房屋原始的底层建筑一般很高，因此第一次加盖而多出的空间，通常是一间仓房，一般人可以顺着一个梯子样的楼梯爬上这间仓房。随着房屋不断扩建，这种加盖模式保持不变。结果是，通常同一楼层不会出现两间房，而且每一间房都由陡峭、狭窄的楼梯相连。在一开始除厨房外，这些房间并无特定功能。但到17世纪中叶，荷兰人开始将住处做进一步区隔，不仅将白天与夜晚的用途分开，还在屋内划出正式与非正式区域。他们开始将房屋上层楼房视为正式房间，专供特殊场合使用。二楼面街的房间于是成为客厅，原来那间前室成为一间起居室，其他几间房开始纯作卧室使用。如同欧洲其他各地情况一样，荷兰的房子不设浴室，拥有厕所的人家也很少。*荷兰人属于崇尚航海的民族，他们的室内设计也反映出若干关于船的联想：他们在砖砌墙面上涂上焦油（以防湿），木制品上涂上漆；他们有陡峭、狭窄的楼梯，房间也小的像船舱一样。最能形容他们居家气氛的字词莫过于"安适"（snug），巧的是这个词不仅源于航海用语，也出自荷兰。

---

* 荷兰人住处鲜有厕所的原因之一是，绝大多数荷兰城市构筑于沼泽地上，厕所的污水池总是水满为患，无法继续使用。荷兰人一般的解决之道就是尿壶，在方便之后将壶中秽物倒入运河。只不过不同于威尼斯的是，荷兰城市没有海潮协助清除这些废弃物，于是造成不幸的后果：这些可爱的城市产生了一种令人难以忍受的异味。荷兰当局也不时设法改善情况，他们定期疏通运河，还有一些城市以木桶挨家挨户搜集粪便，然后运往乡下供农人使用。这种做法起源于中古，但有些小城一直到20世纪50年代仍然沿用。[6]

在填海而成的地上打桩建屋的做法虽然有缺陷，但也为住户带来了意想不到的好处。由于这些房屋的共享墙面承受了屋顶与地板所有的重量，外部横墙不具结构性功能，同时有鉴于地基造价的高昂，外部横墙的重量越轻越划算。为达到这个目的，荷兰建筑师在房屋正面开出多扇大窗。这些大窗原先的设计目的或许在于减轻墙壁重量，但它们同时也使光线得以深入狭长、窄小的室内。在煤气灯问世以前的那个时代，这样的照明很重要。我们在描绘荷兰房屋白日景观的画作中可看到阳光明媚的房间，它们予人的愉悦感，与其他国家住处内部的那种阴暗之感截然不同。在17世纪以前，荷兰人住所窗户的上半部为固定的玻璃窗，只有下半部以实木做成的木窗可以开启；后来下半部的窗户也改用玻璃。为调节从窗口射入的光线，荷兰人除使用窗板以外，还运用了一种称为窗帘的新设计，不仅可以遮阳，还能保护隐私，使屋内的人免于来自大街的搅扰。随着窗户越做越大，以传统方式开窗也越来越难，荷兰人于是发明一种称为窗框式或双挂式的新型窗户，这种窗户易于开启，而且不会插入室内造成不便。就像分成两部分的荷兰门一样，窗框式窗户也很快为英国与法国所抄袭。

但像窗框式窗户这类新发明并非典型，17世纪的荷兰房屋绝对谈不上什么充满创意。事实上，它们保有许多中世纪的特色。这种古老与新奇并存的情景正是荷兰社会的一项特色。在尝试新的政治组织形式之际，荷兰社会同时保有同业公会与自治市这类传统建制。荷兰的社会改革人士（尽管他们本身绝不自视为改革人士）的穿着与他们的祖父没什么不同，而且就许多方面而言，生活也与他们的祖父没有差别。他们的房子仍然用木、砖建造。他们以传统方式，通过标志显示屋主的行业——剪刀代表裁缝，炉灶代表面包师。住宅正面在建成以后，往往加上一尊富有文学或圣经喻义的装饰性雕塑。荷兰人喜爱寓言，有些屋主会在石板上刻一段适当的碑文，然后嵌石板于墙壁上。这些小巧的房子各有各的多姿多彩的标志，于是形成一种中世纪特有的、玩具一般的魅力。这些房屋与它们的屋主，确实经常被人称为"老古董"。

不幸的是，这些房屋在温暖程度方面也属于中世纪的典型。我有一次于一月间在莱顿一栋 17 世纪的古宅中住了一个星期。由于当地是历史古迹保护区，老屋中没有隔温双层玻璃或中央暖气等取暖设施，那确实是一段冷得令人发抖的真实体验。荷兰的气候并非特别寒冷，但地理位置使它的冬天又湿又冷。由于缺乏生火用的木材（荷兰没有森林），17 世纪的荷兰人主要以泥炭作为取暖用的燃料。这种泥炭可以有效燃烧，但需要使用特殊炉灶，只是当时的荷兰人对此并不了解。为了助燃，他们将泥炭堆入置于壁炉内侧炉架上的几个高高隆起的、有开口的烟筒中，或将泥炭放进所谓的火洞中燃烧；这样做确实能去除泥炭的那些恶味，不幸的是生热效果也大打折扣。[7]在这种境况下，求取温暖的唯一办法就是穿许多衣服，而这正

73

是荷兰人的做法。男子穿着半打背心、好几条长裤与厚重的外套；他们的妻子也在裙内穿上多达6件衬裙。如此穿着自然谈不上身材，中世纪画作中那些布尔乔亚夫妇的体态之所以如此臃肿，部分原因也在于此。

这些房屋都是"小屋"，无论就实质意义或就象征意义而言都是如此。它们不需要很大，因为住在里面的人不多；在绝大多数的荷兰城市，每一户居住人口平均不超过4人或5人，相形之下，当时在巴黎这类城市每户经常要住到25人。何以如此？原因之一是荷兰的城市没有房客，因为荷兰人喜欢、在经济上也有能力拥有自己的房子，哪怕房子小，他们也宁可自己置产。房屋已经不再是工作地点，而且越来越多的工匠逐渐发迹成为富商，或成为仅凭利息足以度日的财主，他们于是另建办公场所，而员工与学徒也必须自行提供住宿设施。另一原因是，荷兰家庭不像其他国家的家庭雇用许多仆人，因为荷兰社会不鼓励雇用仆人，荷兰当局对雇用仆役的人课征特别税。[8] 较之其他国家，荷兰人更为重视个人的独立，而且同样重要的原因是：荷兰人负担得起。其结果是，荷兰境内绝大多数房子只住着一对夫妇与他们的子女。这种情况于是导致另一项改变：过去"大房子"特有的那种公开性，已经为一种比较安宁，也比较私密的家庭生活所取代。

家庭式住所的兴起，反映出家庭在荷兰社会日益增长的重要性。使家庭得以成形的凝聚剂，就是子女的介入。荷兰的母亲必须自己抚养子女，没有保姆帮忙；小孩满 3 岁就要进幼儿园，然后进小学读四年。一般认为，荷兰是全欧识字最普及的国度，甚至于接受中等教育的情形在荷兰也并不罕见。大多数子女直到结婚以前都住在家里，而荷兰父母亲与子女之间维系的是一种爱的关系，而不是一种纪律关系；外国访客则认为荷兰父母这种纵容子女的做法很危险。一位法国人就曾写道，有鉴于父母对孩子的纵容，"违纪犯罪事件能保持在现在这个程度已令人称奇"。[9] 在这位法国人士心中，儿童虽小但难以驾驭，对付儿童还得用成人的法子才能收效；对他而言，童年的观念尚未成形。菲利普·艾利斯曾经撰文描述学校取代学徒制在欧洲各地兴起的这个现象，如何反映出父母与家人间关系的修睦，如何反映出家庭概念与童年概念两者之间的拉近；[10] 出现于荷兰的正是这一现象。在荷兰，家庭以儿童为重心，家庭生活以住所为重心，直到大约 100 年以后，其他国家才纷起效尤。[11]

当年到访荷兰的许多人，都认为荷兰人最重视三件事物，首先是他们的子女，其次是他们的家，再其次是他们的花园。[12] 由于住处空间狭窄，不但直接临街而建，而且还与邻居共有边墙，在这种情况下，花园成为荷兰人的重要处所。特别是在气候较为宜人的年份，荷兰人一年大部分时间都使用它，花园的地位因而更加重要。就像日本人营造的那些小型都市花园一样，荷兰人也以其特有方式在可资运用的狭小空间中发展出一种独具匠心的花园景观。那些修剪得很齐整的矮篱，那些呈几何图形的黄杨树，还有铺上彩色碎石的走道，到处反映出室内陈设的井然有序。荷兰花园也是众人共享的大宅转型为个别住所的进一步标志。在这个时期，无论在巴黎或在奥斯陆，典型的欧式城市屋都是围着一处天井而建的，这类城市屋就性质而言，基本上仍属于公共用途的处所。荷兰房屋隐匿在后院的花园则不同，它是隐秘的场所。

荷兰人的住宅与花园虽或隐秘，但无论如何仍可融入城市整体外观中。他们在运河两边沿线筑有林荫道，房屋与房屋之间的空间为林荫道的宽度；在豪斯曼男爵建立香榭丽舍大道之前，林荫道的宽度为 180 米。由于广泛使用砖材，建筑风格又以模仿而非创新为主，荷兰的城市总具有一份悦人的调和感。丹麦历史学家拉斯穆森因而写道："法国人与意大利人创建的宫殿固然雄伟，但荷兰人创建城市的本领也无人能及。"[13]

荷兰繁荣之速（在许多人眼中，这样的繁荣令人难以置信）就像今天日本的异军突起一样，引起他国人士的极大兴趣。1668 年至 1670 年间担任英国驻海牙大使、对荷兰知之甚详的坦普尔爵士，曾写过一本畅销书，向英国人解释荷兰如此迅速崛起的原因。坦普尔在标题为"他们的人民与习性"的第四章中得出以下结论："荷兰是一个土地之美尤甚于空气的国度。在这个国度，对利益的追求尤甚于荣誉；荷兰人主要讲究的是意识而不是才智；他们拥有的主要是率真天性而不是好的幽默；在荷兰，财富多过于享乐；荷兰人宁愿汲汲于工作，也不愿四处旅游……"坦普尔这些评语虽失之刻薄，但或许他是为了迎合当时那些自大、嚣张的英国人，不得已而为之，因为坦普尔后来为重返海牙任所，宁可放弃出任内阁大臣的机会。尽管他认定荷兰人天生沉闷、无趣，但坦普尔确实也指出，荷兰人至少在一个领域是舍得花钱的：他们喜欢将一切余钱投资于"家中的装置、饰物与家具"。[14]

　　荷兰人爱他们的家。他们与北欧其他民族一样，都使用盎格鲁－撒克逊的古老文字——在荷兰文中，"家"字就是ham 或 hejm。＊"家"的意义既融合房屋与眷属、居住与庇护，也具拥有与爱恋之意。"家"意指房屋，但也泛指屋内与环绕屋子附近的一切事物；它同时意指住在屋内的人，以及所有这一切显现的满足与安适意识。你可以走出房子，但你总要回家。荷兰人有一种独特的风俗，充分表露出他们对家的爱恋：他们比照自己的家，精心制作缩小尺寸的模型。大家有时称这些复制模型为娃娃屋，但这种称谓并不正确。这些住屋模型的功能比较像船只模型，它们不是玩物，而是一种具体而微

＊"家"（home）这个奇特的字，不仅意指一种实体的"处所"，也含有一种较具抽象意义的"存在状态"之意。拉丁语或斯拉夫语中都没有这个字的同义字。德语、丹麦语、瑞典语、冰岛语、荷兰语与英语中，都有"家"这个发音类似的字，它们都源于古代北欧语"heima"。

的记忆，一种关于心爱物品的记录。模型屋一般制成碗橱状，并不表现房屋的外观，但一旦打开门，整个室内面貌得以神奇地展现——你不仅可以看清每一间房的壁饰与家具等陈设，甚至连挂在墙上的画、室内摆设的器皿与小型瓷塑像也应有尽有。

17世纪荷兰房屋的家具与装饰，主要意在表现房屋主人的财富，尽管表现方式一般仍相当克制。屋里仍然设置长椅与凳子，特别是较不富裕的家庭尤为如此；但就像英国与法国的情形一样，椅子已经成为最普遍的坐具。这类椅子几乎一律没有扶手，但都有椅垫，并用丝绒与其他考究的材质制成椅饰，椅饰一般装于钉有铜钉的骨架上。像椅子一样，桌子也用橡木或胡桃木制成，有曲线优雅的桌脚。设有帷幕的四柱床，也以同样方式构建，只是不像英国或法国那样普遍；荷兰人喜欢睡完全包在墙间的床。这类床源起于中古时代，置于凹室，三面完全包在墙内，开口朝外的一面以帷幕或实心门遮掩。最重要的一件中产阶级家具就是碗橱，荷兰人使用的碗橱抄袭自德国，它取代横柜成为荷兰人贮物的用具。荷兰家庭一般备置两个这种碗橱，它们通常镶有珍贵的木材作为装饰，其中一个橱用来置放亚麻织物，另一个用于摆餐具。为贮存与展示餐具，荷兰人也使用以玻璃为面的厨具，这种玻璃橱源于中世纪陈列餐盘的碗橱，可以放置银器、水晶、代尔夫特（Delft）瓷，以及中国瓷器*。

荷兰人住处陈设的家具，类型与巴黎布尔乔亚之家所陈设的近似，两者之间的区别在于效果。法国人的住处总显得拥挤不堪，装饰也显得过度夸张。他们的房间满是一件件挤成一堆的家具，房间墙壁上铺着绘有山水景色的壁纸，房内一切可供装饰的表面不是绣上花，就是镀上边，或装上其他饰物。相对而言，荷兰人的装饰少得多。在荷兰人看来，家具确实应该美观、令人欣羡，但家具也是用来使用的，而且无论如何不应让家具过挤，以免损及房间与房内光线营造的那种空间感。荷兰人极少在住处的墙面铺设壁纸或壁布，不过他们喜欢在墙上挂画、镜子与地图——以地图装饰墙面是荷兰人特有的做法。如此产生的效果丝毫不显刻板，这也是荷兰人始料未及的。这些在窗前摆着一两把座椅，或在门旁放一张长椅的房间，显得极具人味，它们只适合私人用途，不宜供娱乐与社交之用。荷兰式房间展现的那种亲密感，是不能用"宁静""平和"这类词适当加以形容的。

每一位主妇都知道，房间内家具越少，越容易保持洁净，

---

* 中国瓷器是荷兰人精于国际贸易，以及荷兰殖民帝国不断扩张的证据。它同时也提醒我们，荷兰人经常扮演文化与贸易中间人的角色。[15] 举例言之，荷兰人是第一个使用土耳其地毯的欧洲人；他们有时也将地毯铺在地上，不过大多数时间都把地毯当成桌布使用。通过荷兰东印度公司将东方的漆器、亚洲的镶嵌艺术与镶嵌家具引进欧洲的，也是荷兰人；至于饮茶的习惯，更是经由荷兰人引入欧洲的。

这与荷兰家庭相对而言显得较不重装饰或许也不无关联，因为荷兰人的住处一般都清洗得一尘不染，洁净得令人难以置信。荷兰人的门廊以擦洗得发亮著名，而且已逐渐成为一种公开炫耀与布尔乔亚阶级矫饰的例证。说它公开当然错不了，荷兰人不仅是门廊，就连通到房前的整个走道都擦洗、打磨得干干净净。不过荷兰人绝非矫饰，他们的室内也同样洁净得熠熠生辉。荷兰人喜欢在地面撒沙，这种习俗因循自中世纪以灯芯草等铺设地面的传统。他们将瓶子、罐子擦拭得光可鉴人，并为木制品上漆，为砖制品涂上焦油。荷兰人在所有这些事上绝不掉以轻心，于是形成若干总是令外国访客忍不住想议论的古怪习俗。1665 年，一位到访代尔夫特的德国人写道："在许多家庭里，就像在异教徒的圣殿一样，不先脱鞋不准上楼，或不准踏入任何一个房间。"[16] 一位名叫帕西华的法国旅人，也注意到同样的事，并且他说，荷兰人经常在他们的鞋前摆一双草制拖鞋。[17]

这种习俗似乎予人一种荷兰街道脏乱不堪的印象，但事实上正好相反。除了那些穷人居住的最老旧的区域以外，荷兰的街道一般以砖铺成，并且设有专供行人使用的步道。在当时的伦敦与巴黎，公共街道脏乱得令人难以忍受，相当于开放式下水道与垃圾堆的混合体。相形之下，荷兰的街道清洁得多，因为在荷兰城市的这些废弃物可以倾入运河。更何况，由于根据荷兰人的习俗，每一户家庭必须清洗自家门前的街道，荷兰城市的街道一般都像各户人家门前的门廊一样，刷拭、清扫得干干净净。荷兰的市街毫无疑问地比欧洲其他地方都要干净，但荷兰人无分男女老幼、一律热衷室内洁净的习性又是如何养成的？这是一种加尔文教义的产物（在苏格兰，加尔文教派信徒住处的门廊也同样清洗得一尘不染），还是只是布尔乔亚阶级的一种礼貌？或者说，这是荷兰人崇尚简朴、喜欢整洁有序的民族性使然？*赫伊津哈认为，这一切主要归功于荷兰的民族性。他补充说，造成这种习性的另几项原因是：在荷兰用水很便利；荷兰属海洋气候，不容易惹尘埃；荷兰人有制作奶酪的传统，而奶酪制作过程极须注重清洁。[18]这样的说法似显武断，因为毕竟并非只有荷兰人制作奶酪。有关这种现象的另一说法是，荷兰人对住处无微不至的照看，其实是一种防范性的保养措施。至少这是坦普尔的见解。他说："由于空气潮湿，一切金属品容易锈蚀，木制品容易发霉；这迫使荷兰人必须不断洗刷、擦拭，以求防患未然；他们的家看起来所以如此明亮、洁净，原因即在于此，而那些不愿深思的人就认为这是荷兰人的天性了。"[19]

我们知道，荷兰人在他们个人的卫生习惯方面并不特别爱干净，许多证据显示，即使以17世纪不很讲究卫生的标准而言，荷兰人也算得上肮脏。[20]也因此，荷兰人竟能如此重

---

* 表示"洁净"的荷兰词是 schoon，这个词也具有美丽与纯洁之意。

视家居清洁就更加令人震惊了。一位到访荷兰的英国人写道："他们把房子整理得比身体还干净。"[21] 举例说，荷兰人的住处内没有浴室，而公共澡堂更是几乎闻所未闻的事。由于在湿冷的冬季，荷兰人无分男女都裹在层层衣物里，洗澡于是更加无人问津。

坦普尔也谈到了荷兰那种不利于健康的气候与情势。尽管荷兰是现代医学的发源地，但当17世纪许多传染病肆虐，荷兰所有城市几乎无一幸免之际，荷兰人一样对之束手无策。连年不断的疫病，显示了荷兰整体公共卫生水平普遍较低。在17世纪20年代，一连持续6年的传染病，使阿姆斯特丹的人口减少35000人。莱顿在1635年的6个月间，全城40000居民有三分之一以上病故。

荷兰人喜欢把地板清洗得很洁净，喜欢把铜器擦拭得很明亮，只是这些作为并不表示他们对健康或卫生问题有深刻了解，而这也正是这些作为具有特殊意义的原因。荷兰人特别重视室内洁净所代表的，不是一种单纯的民族个性，也不是一种迫于外在条件的反应，而是一种重要许多的意义。主人要求访客脱下鞋子或换上拖鞋的时机，不是在访客踏入房屋之际，因为一般人仍然视房屋下层为公共街道的一部分，而是在访客即将上楼之际。因为房屋上层已不再属于公共领域，而是私人住宅部分。这样的分野是一种新理念，而荷兰人的家饰之所以整洁有序，既不表示他们一丝不苟，也不表示他们特别爱干净，它代表的是荷兰人将家视为一处个别、特殊的场所的一种愿望。

　　我们之所以能对荷兰家庭的外观有这么多的了解，主要是因为两项巧合：绘画在 17 世纪的荷兰蔚然成风，以及室内景观成为这些画作的流行题材。荷兰人喜欢画，最富裕的人和最卑微的人都买画挂在家中。买画一部分是一种投资，但也为了个人爱好。荷兰人不仅在客厅与前室挂画，也在旅馆、办公室、工作场所与商店柜台后挂画。属于布尔乔亚阶级的民众使荷兰出现许多画家，就像家具制造师或其他工匠一样，这些画家也组有同业公会。这些荷兰画家必须努力不懈，才能在他们这一行出人头地。早自 14 岁起，他们以学徒身份投入这一行，学成之后再担任画师助理，6 年以后才能申请加入公会而成为独立的"师傅"，直到那时，他们才能以自己的名号卖画。

　　尽管画作需求的市场很大，供应量也同样很大，荷兰画家因画致富者极少。除了肖像画是雇主委托创作的，大多数画作是画家凭空想象并通过经纪人来销售的。荷兰民众喜欢购买的是那些艺术手法能为他们欣赏、了解的画作，而那些技艺成熟、绘画手法直截了当，且不具后期艺术界人士那种自我意识的画家，自然乐于从命。其结果是，17 世纪的荷兰画作，不仅是一种艺术，也是对当时情况的一种精确非凡的呈现。

　　有鉴于荷兰人对他们整齐、洁净的家情有独钟，除圣经题材与家属人像画以外，专以房屋本身作为题材的风俗画受到时人青睐也就不足为奇。以洛克威尔这类美国插画家的作品为例：这些作品并不能显现多少艺术风格，但它们确实代表着一类以爱家大众为诉求的画作。霍赫留传下许多以家庭生活为题材的佳作，史斯泰恩与梅特苏也一样。大画家维米尔遗留下的画作不到 40 幅，而这些作品几乎全部以室内为景。但以一幅室内景象画描绘出 17 世纪荷兰家居生活缩影的，是伊曼纽尔·德·韦特。伊曼纽尔·德·韦特是一位专画教堂室内景观的画家，教堂室内景观又是另一种极受时人欢迎的题材。这幅作品大约完成于 1600 年，画面中的房间开着门，沐浴在透过大窗洒入的阳光中。* 根据阳光照进 3 个房间的方式，以及窗口树影婆娑的暗示，我们判断这栋房子可能位于市郊。这幅画的中心人物，也是使它出名的那个人物，是一位弹奏着小键琴的少妇。而小键琴是小钢琴的前身，当时盛行于荷兰，和荷兰许多画家一样，伊曼纽尔·德·韦特也有意通过他的这幅画诉说一个故事。仅从表面来看，这完全是一幅平和的田园风情图。从阳光射入的低角度，以及远处门廊中仆妇忙着晨间杂活的身影判断，当时应还是早晨。这家的女主人（除了这位少妇之外还能有谁？）端坐在小键琴前。她弹琴的这间房，是典型

---

* 风俗画由于主要挂在室内，一般尺寸较小，伊曼纽尔·德·韦特这幅画仅为 75 厘米乘以 100 厘米。许多风俗画的尺寸还不及这幅画的一半。

的多功能房间，除了那具小键琴外，还有一张桌子、三把椅子与一张有帷幔的床。

但实际情况有所不同。进一步观察这幅画就能发现，画中的少妇并非为自娱而弹琴；原来在帷幔后的床上还有人躺在那里听着音乐。这人无疑是男的（因为他有胡子），而且尽管他藏身帷幔之后，但他的衣物在前景的椅子上清晰可见。画作边缘露出的剑柄，以及衣物漫不经心地丢在椅上而没有整整齐齐挂在门后挂钩上的情景，都以一种微妙的方式暗示着一点：这男人可能不是少妇的丈夫。在笃信加尔文教义的荷兰，对婚姻的不忠是为人所不齿的。伊曼纽尔·德·韦特也借由这幅画作加以讥讽，以履行他的社会义务，只不过他运用一连串谜题、象征与第二层含意以隐藏他的讥讽罢了。放在桌上的水壶与毛巾，那个抽水机，以及那位清洗着地板的妇人，都有着"洁净为虔诚之本"之外的另一层意思。但这幅画作的引人入胜之处，部分也在于画者对他笔下人物的故弄玄虚。这位少妇是否心生悔意？如果确有悔过之心，何以她是在弹琴而不是在哭泣？她背朝外坐着，仿佛感到羞愧一般，但从挂在小键琴上方墙壁上的那面镜中，我们却怎么也看不清她的脸，说不定她还笑着呢。我们永远也无法知道事情的真相为何。

不过我们没有必要深加探索伊曼纽尔·德·韦特这幅画在诸多阴影、细节之中，到底隐藏了什么夸张的故事。像绝大多数荷兰画家一样，伊曼纽尔·德·韦特着重的不仅在于描绘，也在于呈现他眼见的物质世界。这种对于真实世界的爱，用"写实主义"完全不足以表达，这种情感在许多细节中清晰可见。窗影落在半开的门上，红色绸质窗帘为室内光线增添了一抹红，吊灯的铜饰闪闪发光，镜框的装饰华丽耀眼，那个白镴水壶的表面也泛着光芒，这一切都令我们赏心悦目。一只小狗蜷伏床边，小键琴上摆着一本打开的乐谱。在画家的注视下，一切事物均无所遁形。

在此必须立即表明的是，伊曼纽尔·德·韦特不大可能根据一所房子的实景而绘成这幅画作；他的画尽管和真的一样，但都是想象的产物，并非确有其实。举例说，伊曼纽尔·德·韦特的教堂画并非实际建筑物的画像；虽然它们也以类似的室内素描为草图，但完成的画作往往结合不同教堂的各项特征。不过我们不能忽视的是，虽然这房子或许是伊曼纽尔·德·韦特想象的产物，但这幅画作的效果是真实的，而且它最主要代表的，是一种极端的亲密。

房中陈设的家具并不复杂，附有坐垫的椅子看上去坐着很舒适，不过不像当时法国时兴的椅子那样饰有流苏与花绣。房中几间屋子排成一线，但效果并不吓人。就像典型的荷兰房屋室内景观一样，这几间房也在墙上挂着镜子，还有一幅可以从门口看到的地图，不过墙壁仍保持朴实无华。房间地面铺设着图形简单的黑、白两色方块石板。这是一个富裕的家庭，小键琴、东方地毯以及镀金的镜子都可证明，但屋内陈设并无豪华的气氛。那些家具陈设不是用来展示的，它们的安排方式给我们一种单纯务实的印象。床摆在门背后的角落里。地毯完全盖住床侧的地面，使人在早晨下床时，不至于踏在冰冷的石铺地板上。镜子挂在小键琴上方。桌椅摆在窗前近光之处。光线在这幅画中尤具意义。画中各间屋子都有照明，以强调它们的空间感以及实质感。这幅画之所以特殊，最主要的原因莫过于这种室内空间的感觉与这种内在的意识，使这幅画描绘的不是房间，而是一个家。

伊曼纽尔·德·韦特这幅画作真正的主题是家居气氛本身，风俗画之所以长久以来一直未获重视，原因就在这里，而它之所以引起本文作者的兴趣，原因也正在于此。当然，伊曼纽尔·德·韦特并非画界里室内风俗画的唯一人士。住在代尔夫特的霍赫，也有一整套描绘一般布尔乔亚日常生活各个层面的作品。霍赫的作品主要描绘布尔乔亚人士在家中的情景，通常是他们埋首工作中的情景，并且他以精确的画笔绘出他们的房屋与院落的景致。与伊曼纽尔·德·韦特不同的是，他比较不在意叙事，比较重视描绘一种理想化的家居生活。尽管他在画作中强调的往往是背景而不是人物，但霍赫的作品中总是有一两个人物，这些人物通常是妇女与小孩。在文艺复兴时期，绘画中唯一出现的人物一直就是女性，这些女性不是圣母玛利亚、圣徒，就是圣经中的人物；首先以一般妇女作为绘画题材的则是荷兰的画家。伊曼纽尔·德·韦特的画作以妇女为焦点是极其自然的，因为他所描绘的家居世界已经成为妇女们专属的领域。属于男性的工作世界以及男性的社交生活，已经移往家庭以外的其他地方。房屋已是另一种类型的工作即家务的场所，而这种工作是妇女的工作。这种工作的本身并无新奇之处，但分离的特性倒是新鲜事。中古时期的画作也经常描绘妇女工作的情景，不过这些妇女鲜少单独工作，而且她们的工作难免夹杂在男性聊天、吃东西、做生意或闲逛的活动中进行着。霍赫笔下的妇女则是单独、静静地工作着。

代尔夫特出生的另一位画家维米尔主要以妇女为画作题材，对于室内陈设比较不重视，但由于他所有传世之作几乎完全取景于家中，这些作品自然也表达了一些家的讯息。他画作中的人物总是聚精会神地专注于某一件事，这从屋内安静的气氛和家具的摆设上可以看出来。通过维米尔的画，我们可以看到房屋功能改变的过程：它已经成为一种隐私行为与个人独享的场所。《情书》（ *The Love Letter* ）这幅作品显示出房子女主人的宁静被仆妇为她带来的一封信打破了。我们可以在画中看见一座装饰考究的壁炉的一角，一块精致的皮质壁板，还有一幅悬挂在墙上的海景画（这后两件物品其实是维米尔自己的东西）。姑且不论那些叙事性的线索——那封信、那把曼陀林、那幅海景画——最令人心动的，是共享一刻隐私的两位妇女之间的关系，以及维米尔那种将我们置于另一室的手法。经由这种手法，维米尔不仅强调了这件事的隐私性，也以一种高度原创的方式达成了一种家居空间的意识。屋内各件物品：一个洗衣篮、一把扫帚、几件衣物与一双鞋子，建立了妇女在这个空间的支配地位。寄信来的这位男士远在他乡，即使他并非身在异乡，他走在这片刚刚擦拭干净的、由黑白相间的大理石地砖铺成的地面上时，也必须小心翼翼。当维米尔的画作中出现男性时，我们总觉得这位男士一定是访客，是个外来客，因为维米尔画作中的妇女不仅仅是住在这里，她们也完全占有这些房间。无论她们是在缝纫，在弹曼陀林，或是在读一封信，荷兰妇女在家中总是支配一切、泰然自若且心安理得。

17世纪荷兰家庭的女权化是室内装饰革命过程中最重要的事件之一。促成女权化的原因有几个，其中最主要的就是仆人雇用的节制。即使最富裕的家庭，雇用3个以上仆人的例子也极为罕见，至于典型的富裕的中产阶级家庭，顶多也只雇用1个仆妇。这与前文所述的布仑家庭，或与典型的英国中产阶级家庭相比，雇用的仆人数都少了许多：布仑除雇用3个员工以外，还有2个仆人；而当年典型的英国中产阶级家庭至少也会雇用6个家仆。荷兰法律在雇用仆人的合约安排，以及仆人的民权问题上都有明确规定，因此荷兰雇主与雇员之间的关系较不具有压榨性，双方处得也比欧洲其他各地的主仆关系都要好。举例说，在荷兰，仆人与主人在同一张桌子上用餐，而且家务工作由双方合作进行，而不是由主人分派仆人做。这一切为 17 世纪带来一种极其特殊的情势：荷兰的主妇们，无论她们多富有、多有社会地位，都必须亲自动手处理家中绝大多数杂务。根据记录，在荷兰海军上将鲁伊特去世当天，国家元首派遣特使奥兰治亲王前往鲁伊特住处向鲁伊特的妻子致哀，但鲁伊特的妻子无法接见这位特使，因为她不久前在晒衣服时扭伤了脚踝。[22] 伊曼纽尔·德·韦特曾受托为一位富家主妇阿德里亚娜作画，结果他画的是她带着小女儿在阿姆斯特丹一处鱼市场采买的情景。一位富有的法国或英国仕女一定不会做类似家事的，她们也绝不会同意画家以如此庸俗的背景为她们画像。

据坦普尔说，荷兰的主妇"完全投入家务，对一切家务也享有绝对的管理权"，[23] 包括主厨在内。当年到访荷兰的外国人对这一点有明确的记述，不过他们一般都对荷兰主妇做菜的手艺不敢恭维，特别是法国访客对荷兰的菜肴尤为嗤之以鼻。不过不论荷兰主妇的烹饪技艺如何，这种女主人下厨的小小改变都具有深远的影响。当仆人负责做菜时，设有炉灶的厨房与其他房间没什么不同，而且无论如何，这房间总处于一种次要地位。举例说，在巴黎的布尔乔亚家中，作为厨房的房间一般在天井外，而且不能从厨房直接通往主室。直到 19 世纪，在英国的城市住宅里，厨房一般仍位于地下室，临仆人的住处而设。而且在绝大多数公寓房中，所谓"厨房"不过是炉灶上吊着一口锅罢了。

但在荷兰人的住宅，厨房是最重要的房间；据一位历史学者说："厨房地位大幅提升，成为介于寺院与博物馆之间的一处极具尊严的地方。"[24] 厨房中摆着碗橱，而碗橱存放着精致的亚麻桌巾、瓷器和银器。铜制的烹调器皿也擦拭得亮闪闪的挂在厨房墙壁上。烟囱区极为庞大，而且经过刻意装饰，以现代品位而言，装饰得似显太过。区内不仅有摆着传统吊锅的炉床，还有一个简单的炉灶。盥洗槽是铜制的，有时也用大理石制造。有些厨房装备室内手动抽水机（前文所述伊曼纽尔·德·韦特的那幅画中，就有一个抽水机），甚至还有能够不断供应热水的蓄水槽。这类家用装备的出现，显示家务工作的重要性正不断提升，也显示一般人已逐渐开始注重家务操作的便利。这种趋势很自然。因为与家务工作密切接触的人，首先也是享有举足轻重地位、能够影响家庭陈设与家居生活方式的人。仆人必须容忍不便，对于一切设计不良的安排也只能逆来顺受，因为他们在家务工作过程中没有发言权。但家庭主妇不然，特别是当她像荷兰主妇们一样拥有独立意志时，情况尤其不同。

对厨房的重视，反映了荷兰妇女在家庭中地位的重要性。做丈夫的或许仍是一家之主，或许仍在家人聚集用餐时致主祷词，但在遇到家务问题时，他不再是"自己家中的主人"。坚持屋内必须保持整齐、清洁的，是做妻子的她而不是做丈夫的他，因为必须整理房间的是她而不是他。这种单纯的自利因素，较之气候或民族性等其他因素，都更加能够说明荷兰人的住宅何以比较整洁。

荷兰家庭的生活秩序操控于妇女手中的例证很多。荷兰男人流行抽烟草，他们的妻子则想尽一切办法防阻烟味弥漫屋内。有些妇女在结婚时，甚至在婚约中纳入"不准抽烟"的条款；如果一切其他办法都无法奏效，荷兰妇女祭出最后的法宝，就是为她们嗜烟如命的丈夫划定一间"吸烟室"。无论是否准许丈夫抽烟，荷兰妇女每年要将整栋房屋里里外外彻底进行一次大扫除（每周一次的例行扫除在她们看来犹显不足）。在大扫除期间无法享用热食的先生们于是称这段时间为"地狱"。正式客厅尽管极少使用，主妇们仍然定期清理。有一位布尔乔亚人士就曾向坦普尔坦承，他自己家中有两间房是他不得踏入的，而且他也从未进入这两间房。[25] 尽管荷兰男人仍然在上桌用餐时戴着帽子（祈祷时例外），而且仍然极少在用餐前洗手，但布尔乔亚阶级的礼仪，相对于上流社会的矫揉造作，已经开始演变。

依外国访客来看，在家中特别实施一套行为规则是件怪事，不过这种看法或许失之偏颇，因为现有的可供考证的一切记录，清一色都是男性访客留下的。这些记录中充斥着荷兰主妇们严厉无情，甚至凶横霸道的种种故事，毫无疑问多出于捏造。不过这些记录都显示一点：家居生活的安排已经改变。房屋不仅成为一处较亲密的场所，在变化的过程中也取得一种特殊气氛。房屋逐渐成为一个带有女性意味的处所，或至少逐渐成为一个由女性控制的处所。这种控制是具体而真实的，为房屋带来洁净，为屋内生活带来必须遵奉的行为规则，但也为屋子引进一种过去不存在的东西：家庭生活。

谈到家庭生活，就必须论及一整套情绪感受，不能仅叙述单一属性。家庭生活必须涉及家庭、亲密，涉及对家的奉献，以及一种将家视为所有这些情绪的具体化表征的意识，而不是只将家视为这些情绪的萌发地。伊曼纽尔·德·韦特与维米尔的画作中弥漫的，就是这种家庭生活的气氛。房屋的室内陈设不再像过去一样仅仅是室内活动的场所，每一间房以及房内摆设的物件，现在都拥有属于自己的生命。当然，这无关乎自主性，而是存在于主人想象中的生命；而在这种情况下，颇具矛盾意味的是，家庭生活取决于一种丰富的室内感知的发展，而这种感知是妇女在家中所扮角色的成果。如果诚如约翰·卢卡奇所说，家居生活是布尔乔亚时代的重要成就，那么这项成就最主要也是一项妇女的成就。[26]

第四章

物品与乐趣

插图说明：弗朗索瓦·布歇，《布歇夫人》（*Madame Boucher*，1743 年）

……将物品、坚固与乐趣结合在一起，才能有好的品位。

——雅克－弗朗索瓦·布隆代尔，《法国建筑》

（*Architecture Française*）

隐私与家庭生活是布尔乔亚时代的两大发现，这两大发现自然而然出现于以布尔乔亚阶级挂帅的荷兰。到 18 世纪，这两种概念已经散播到北欧其他地方，包括英国、法国与德国等。无论就实体或就情绪方面而言，家庭的形貌均已改变；它已经不再是一个工作场所，开始变得较小，而且更重要的是变得较不公开。由于住在屋内的人少了，不仅房屋的规模变小了，屋内气氛也受到了影响。这时的房屋成为一种个人的、亲密性行为的处所。随着子女介入家庭的程度不断加深，中古时代"大房子"的公共特性随之转变，父母对子女的态度也出现变化，房屋代表的这种亲密性于是更为加强。房屋不再只是一种遮风挡雨、防御外来入侵者的庇护所（虽说这些防护作用仍然是房屋的重要功能），它已经成为一种新而紧密的社会单位的所在地，这单位就是家庭。随着家庭逐渐分离，家庭生活与居家活动也逐步分离。房子于是成为家庭，紧接着隐私与家庭生活之后的第三项重要发现于是登场，这一发现就是舒适的概念。

将舒适视为一种概念似乎有些怪异。舒适毫无疑问只是一种身体感官上的情况，例如人坐在舒适的椅子上，感觉很舒适。还有什么能比这种感觉更简单？鲁道夫斯基是一位将现代文明批判得体无完肤的学者，根据他的说法，人类如果能完全丢开椅子席地而坐，生活会更加单纯。鲁道夫斯基说："坐椅子就像抽烟一样，是一种养成的习惯，对健康的影响也与抽烟相似。"[1] 并且鲁道夫斯基从其他文化与其他时代取材，列出一整套椅子的代用品，这些代用品据他说都比椅子优异。他列举的代用品包括讲台、长沙发、平台、秋千以及吊床等，不过他最主张采用的是最简单的代用品：地板。

政治理念的不同固然使这个世界分裂，坐息姿势与食具的差异（例如以刀叉进食，以筷子用餐，或用手指抓着进食）同样也能有此分裂效果。人类在坐息姿势方面分为两派：高坐派（即所谓西方世界派）与蹲踞派（所有其他地方均属之）。*
尽管并无什么铁幕分隔这两个世界，但两派的人相互都认为自己无法适应对方的用餐姿势。每当我与东方朋友一起进餐时，我很快感到坐在地板上令我狼狈，我的背没有地方靠，两腿也酸麻难耐。但惯于席地的蹲踞派，同样也不喜欢坐在椅子上用餐。印度人的家里或许设有摆着桌椅的餐厅，但当一家人在炎热的午后闲聚时，父母与子女们还是席地而坐。一位在德里驾驶三轮车的车夫让我开了眼界。他必须坐在驾驶座上，只是他的坐法与西方人不同：他盘着两腿，两脚架在座椅上而不是踏

---

*这种二分的划分称得上相当一致；在一种文化中，高坐派与蹲踞派两者并存的唯一例证出现于中国古代。椅子或许早在 6 世纪已由欧洲传入中国。不过，尽管中国人使用高腿桌、椅子与床，但中国人的住宅一直保有供蹲踞使用的矮家具区[2]。

98

在三轮车底盘上（这景象令我看得心惊肉跳，他却始终悠然自得）。有一位加拿大的木匠，喜欢站在椅子上工作。我有一位来自印度半岛古吉拉特（Gujarati）的友人维克拉，则爱坐在地上工作。

为什么某些文化采取高坐姿势，而其他文化则不是？这个看似很简单的问题却好像没有令人满意的答案。我们似乎可以说，人类研发家具是一种针对地面寒冷问题而产生的功能性反应，更何况，绝大多数盛行蹲踞姿势的地区都位于热带，也可以证明这个说法。不过，高坐家具的原创民族——美索不达米亚人、埃及人与希腊人——都生活在温带地区，而使问题更趋复杂的是，同样生活在温带的韩国人与日本人从不认为备置家具有何必要，他们只是将铺盖加热以解决地面寒冷的问题。布隆代尔认为，室内家具在不同文化的发展中遵循两项规则。第一项规则是，穷人负担不起家具；第二项规则是，传统文明仍然忠于惯有的家具，而这些家具的变化很缓慢。[3]但他随后不得不承认这些论点不够充分。这些论点可以解释何以在埃塞俄比亚或孟加拉国家具贫乏，因为这两个国度都很穷，也都属于文化较传统的国家，但它无法说明何以在奥斯曼土耳其与波斯帝国如此繁荣、盛极一时的文明中，家具也会贫乏至此。它也无法解释，何以莫卧儿王朝拥有能够建造泰姬陵的财富与技术，却没有研制出坐具。这类例证相当多。日本人在 8 世纪大举抄袭中国的科技与文化，但他们有意忽略中国的家具；到了

16世纪，日本人自欧洲引进枪炮，但对欧洲的椅子则不加理会。此外，各文明对家具的好恶也不一致。与日本人一样，印度人也有很长一段时期不置桌椅，但不同于日本人的是，印度人喜欢睡在床上，而不是睡在地上。

当然，习于蹲踞的人在席地而坐时颇感舒适，而那些惯于坐椅子的人在采取这种姿势时，要不了多久就会感到疲惫不适。但人体生理性的差异并不能解释一个文化之所以选择其中一种姿势，或选择另一姿势的原因。日本人的体型一般而言较欧洲人小，但同样采取蹲踞姿势的非洲黑人，体型并不比欧洲人小。竖起背脊坐在地上或许有益于人体，然而并没有证据显示古希腊（极重视运动健身）这类高坐文化的发源地研制座椅是为了偷懒，或为了应付身体虚弱之需。

或许我们只能将高坐与蹲踞视为一种品位问题加以解释。若如此解释，则根据鲁道夫斯基的说法，这又是一个西方人冥顽不化的例证。他对家具的批判，是以卢梭学派的下述假设为依据的：人既然只要有一片地就能坐卧其上，那么椅子与床都是不必要、不自然，从而也是低劣的物品。有人认为，单纯朴实的事物一定比较好，我们必须在推理上做一些猜测才能解释这种观念。但这种观念已为美国民众广泛接受——至少从许多标榜"回归自然"的广告词来判断，情况确实如此。不过这是一种肤浅的观念。只要稍加省思就能发现，所有人类文化都是人造的，烹调的人造程度不亚于音乐，家具的人工意味也不亚

100

于绘画。既然摘取野果照样香甜可口，又何必费时耗力调制菜肴？既然人的歌声已经悦耳动听，又何必苦心研制什么乐器？既然望着自然美景已经令人心满意足，又何必劳神作画？既然可以蹲踞，又何必坐椅子？

上述问题的答案是，这使生活更加丰富、更有兴味，也更充满乐趣。家具当然不是自然的产物，它是一种人工制品。坐椅子是人为行为，尽管不像烹调食物、弹奏音乐，或画画那般明显，但也像其他人为活动一样将艺术引进了生活。我们吃意大利菜、弹钢琴，或者坐椅子，是出自我们的选择，而不是我们必须这么做。这一点必须强调，因为有关家具（特别是现代家具）实用性与功能性的著述已经太多，大家很容易忘记桌椅其实不同于电冰箱与洗碗机这类家庭用品：桌椅应该是一种精致生活的代表，不是一种用品。

当一个人坐在地上时，他既无舒适之感，也不觉得不舒适。他会自然地避开地上的尖石子或其他坐上去令人不快的东西，但除此之外，一处平面与另一处平面没什么不同。蹲踞是自然的行为；蹲踞的人既不考虑应该怎么坐，也不考虑要坐在哪里，原因即在于此。这并不表示蹲踞是粗俗不雅的行为，因为就像其他许多人类活动一样，蹲踞也有礼节与仪式。举例言之，日本人从不直接坐在地上，他们总是先安置一块高出地面的垫子，然后坐在垫子上；沙特阿拉伯人则坐在精美异常的地毯上。问题的重点不在于蹲踞习俗是否较为拙劣，或较不能予人舒适感，而在于无论以日本人或以沙特阿拉伯人的例子而言，舒适感都未经明确表现。

坐椅子是另一回事。椅子可能太高，也可能太矮，可能抵住背部，或卡在大腿上。椅子可以使坐在上面的人昏昏欲睡，或使他烦躁不安，或让他背痛好一阵子。椅子必须根据人体姿势而设计，因此椅子设计者所面对的问题，与坐台的建造者所面对的全然不同。家具迟早会迫使高坐文明考虑舒适问题。

人类历经许多世纪才终于解决怎么坐才舒服的问题。尽管古希腊人已经发现这个问题，但它一直为人所遗忘、忽视。研究家具的历史学家不断引导我们将注意力放在座椅设计与构建的变革上，使我们忘记一个更重要的因素：座椅使用者的改变。因为家具设计者面对的，不仅是技术性束缚，即椅子要如何制作，也需面对文化性束缚，即如何使用椅子。人必须先有舒舒服服坐在椅子上的意愿，安乐椅才有可能问世。

椅子反映了人对"坐"的愿望。如前文所述，在中世纪时期，椅子的主要功能是仪式性功能。坐在椅上的是显要人物，"主席"（chairman）一词即源于此，他挺直脊背、颇具威仪的坐姿则反映着他的社会地位。这种将座椅本身与权威结合的习惯，至今仍是欧洲与美国文化整体的一部分：例如我们在谈到法官座席或驾驶座时，仍然意指法官或驾驶员的权威；电影导演在工作时，仍然坐在标有自己名姓的椅子上，哪怕只是一把印有他大名的帆布椅。甚至还有想象中的座席，例如艺术史的教席，或公司董事会的董事席等。在我任教的大学中有一位教授，在服务满 20 年时获赠的不是一只表，而是一把刻有大学图章的木制安乐椅。

尽管人们开始用椅子进行用餐或书写等较为世俗的活动，但坐姿的变化仍极为缓慢。在整个文艺复兴时期与巴洛克时代，欧洲的座椅家具尽管在数量上增加了，但在功能设计上仍受最早期那种座椅的影响，以挺直背脊高坐的姿势为主。甚至于 17 世纪注重家居生活的荷兰人，也仍然正襟危坐在他们那些直背椅上，两脚稳稳踏在地上。

在路易十四统治下，法国展开了拥有非凡军事、政治、文学与建筑成就的新纪元，座椅也于此时增添了新角色，家具的制作水平也就是在这个时代提升成为一种艺术的。此时开始视家具为室内装饰整体的一部分，过去随意摆放家具的做法沦为历史陈迹，家具成为陈设中必须严守规范的装饰。凡尔赛宫的插画显示，每两个窗台之间必有一张桌子，每一扇门的两边必各有一个五斗柜，每一根半嵌在墙中的壁柱基部也必有一个凳子。由于家具的功能在于凸显并提升建筑物的地位，而不在供人使用，因此座椅的设计主要是为了让人仰慕，而不是为了让人坐。这令人感觉起来很怪。这些座椅就像士兵一样，靠着墙壁一行行整齐地排列着。据说，暴虐的路易十四曾有一次责骂一位情妇，因为这情妇将一把椅子留在房间中央，忘了将它摆回贴壁的位置。

尽管椅子只具有辅助性功能，但它确实在宫廷礼仪中扮演着重要角色。在一间现代办公室中，主管座椅的大小显示了这位主管的地位与影响力。同样，在凡尔赛宫中，一位人士偶尔获许使用的椅子的类型，也标示着这位人士的阶级与社会地位。有几间房只有国王才可以坐下来，在正宫寝殿中，甚至根本不设访客座椅。宫中其他房间也厉行严格的阶级规定：有扶手的安乐椅专为这位"太阳王"而设，其他人不得使用；没有扶手的座椅仅供国王身边最亲近的王室亲贵使用；某几位贵族可以使用没有靠背的凳子，阶级较低的贵族就只能使用不设坐垫、可以折叠的凳子。由于这些凳子的数目有严格控制（根据路易十四死时发表的一份清单，凡尔赛宫总共只有 1325 把这种凳子，而当时每天宫内都有好几千人），争凳子的闹剧层出不穷，绝大多数宫廷朝臣也只有站着的份。[4] 我们可以想象得到，这些王室亲贵即使坐在宫内也不敢稍有疏忽，他们只敢挺直了背正襟危坐。尽管这种古怪的座椅礼仪主要实行于凡尔赛宫，一般布尔乔亚家中并无这套规矩，但处于这种情况下，要指望一般人朝舒适的方向发展家具就很难了。当年，高雷、古奇与布尔这些高级工艺师创造了许多极尽华美的家具，特别是橱柜、衣橱与五斗柜，但坐具依然停滞于不注重舒适的阶段。

这种情况不久出现变化：随着路易十四于 1715 年去世，

以及他年幼的曾孙路易十五继位登基，活泼轻松取代了形式拘泥的风格，堂皇富丽渐渐趋向注重亲密隐私，而宏伟壮丽之风也转变为精细柔美。维多利亚时代历史学家米特福德写道："18 世纪的凡尔赛宫不能为人带来什么教益，它呈现的是一种数千人为享乐而生活，而且每个人都非常自得其乐的欢愉景观。"[5]20 世纪的一些礼教之士也对路易十五的凡尔赛宫生活大加抨击，因为在他们眼中，追求乐趣是一种放浪形骸、易流于腐化的生活方式。米特福德与这些礼教之士的论点，自然对路易十五时代在我们心目中的形象不无影响。不过，也就是在这个强调享乐的时代，以舒适为宗旨的家具首次出现了。

坐椅子不再只是一种仪式或功能，而同时也成为一种放松、休闲的形式。大家坐在一起听音乐、聊天或玩牌。他们的坐姿反映了新的休闲意识：先生们背向后靠、交叉着两腿坐着（这是一种新坐姿），女士们则斜倚椅上，轻松悠闲的姿态渐成时尚。椅子的设计于是随着这些新姿态而调整，也就是说，椅子的设计自古希腊人以来，首次为求适应人体而调整。椅背开始呈倾斜状，而不再垂直；椅子的扶手也改为曲线状，而不再呈直线；椅座变得比较宽，也比较矮，使坐的人在调整身体时更有弹性。比过去宽且设有软靠背垫的扶手椅，成了最受欢迎的座椅形式，坐在椅上的人可以斜靠在饰有垫子的扶手上，身体倾向一边或另一边与邻座的人谈话。凳子不再只供人坐，也供人架脚，这又是一种典型坐姿。供两人同坐的，以及其他各式各样的长椅相继出现，它们的名称——ottomane、sultane、turquoise，就像"沙发"（sofa）一词一样，令人对这些低矮、有饰垫、东方意味十足的座椅产生了阿拉伯式的联想。妇女则斜倚在躺椅上，这种躺椅同样也可作为长椅使用。

法国人以一种独特的理性方式解决了家具舒适性的问题。他们没有放弃成为路易十四王朝特色的、那种传统而正式的家具类型，他们采取的办法是另创一类坐具。这类坐具不受严厉的美学要求所限，而能满足他们坐得较舒适的需求。法国人分别称这两类座椅为"家饰座椅"（sièges meublants）与"日用座椅"（sièges courants）。[6]前一类型指的是继续被人视为家饰一部分的座椅，这类座椅也称为"建筑性家具"，由建筑师负责选用与摆设。就像不能随意悬挂、专为特定墙面设计的画作一样，这类座椅也永久性地融入并成为室内装饰的一部分。为纪念王后而命名的太妃椅（fauteuil à la reine），垂直的椅背、沉重且紧靠墙壁摆设即为这类座椅的特征。家饰座椅在摆入预定位置以后极少移动，正由于几乎从不移动，这类座椅的背面经常不加漆饰，因为它们几乎永不见天日。

此外，日用座椅既便于移动，也是日常使用的家具（courant 在法文中有便于移动以及日常使用等两层含义），它们没有固定的位置，而且也比较轻便，可以轻松置放于室内各处。日用座椅可以围着一张茶几摆设，也可以摆在一起以利交谈。这类轻便的扶手椅称作"fauteuils en cabriolet"，亦即"便椅"之意。家饰座椅用于沙龙，日用座椅则专为非正式用途而设计，是摆在闺房与私人起居室的家具。建筑性家饰有讲究直线造型的正规要求，但日用座椅则不受这类要求的限制。为求坐得舒适，它们可以采用新的柔和造型，而不必拘泥于正规的美学规则。

各类型桌子也开始出现固定性与移动性两种家具的差异。既有的大型写字台与大理石面的桌子总是紧靠墙壁而设，它们虽具装饰效果但不实用。现在，体型较小、为私密或个人用途而设计的桌子出现了。这类桌子包括书桌、游戏桌与床头几等等，设计往往别出心裁，或具有各种尺寸的抽屉，或具有可以滑动或折叠的桌面。各式各样供男性或女性使用的化妆桌与盥洗台相继出现。女士很爱写信与记日记，于是专为女士进行这类活动而设计的写字桌得以问世。女士的寓所不但设有供做针线活、供进早餐的小几，为享用新引进的时髦咖啡饮品，还设了咖啡桌。

出现于18世纪法国的各类型家具，反映出房屋的陈设安排渐趋专门化，不同的房间具备的功能也不同。一般人不再利用接待室进餐，而在备有餐桌椅的餐室进餐。他们不再在自己的寝室，而在客厅中招待访客；为接待特殊的密友，绅士们可以使用他们的书房，淑女们则有她们的起居室（boudoirs），即一种半化妆室、半会客室的房间。所有这些房间都比过去小，没有过去那么堂皇，但私密性比过去高得多。它们不再以门门相对的方式整齐地排成一长列，而改用一种较自然的方式排列，这样一来你无须为前往一间房而穿过另一间房。这种将房屋分隔为公共区与私用区的时尚，也反映在语言的改变上：在谈到用来睡觉的房间时，不再只称它为一个"房间"（room），而称它为"密室"（chamber）；公用的房间仍然称为"厅"（salles，随后出现餐厅［salle à manger］与客厅［salon］等名称），但卧房则称为寝室（chambre à coucher）。*

今天，雇用仆人已经变得奢侈（至少在北美情况如此），而主人也以极招摇的方式展示他们的仆人。但在 18 世纪，情况完全不同。在那个时代，仆人予人的印象是爱打探主人隐私，在主人背后说长道短。路易十五设在舒瓦西（Choisy）的猎屋就有一项机关，能将一整套餐桌从楼下的厨房升入餐厅。这项机关能使国王在与友人进餐时，不受仆人的打扰，享有完全的隐私。根据凡尔赛宫的习惯，在晚宴结束，与会人士来到客厅用咖啡时，仆人必须退出，而由国王本人招待宾客。

对更多隐私的渴望成为 18 世纪的一个特点。注重隐私的意识不仅在宫廷得到提高，布尔乔亚家庭同样也开始强调隐私的重要性。自中世纪以来，仆人或与主人同睡一间房，或睡在主人隔壁房。主人只需拍一下手，或摇动一个小手铃就

---

* 意大利文中也有同样的区分（sala 与 camera）；在英文中，"bedchamber"已不再使用，不过在法律专业用语中，法官使用的密室仍然称为他或她的"chamber"，而秘密听证会也称为"密讯"（in camera）。

能召唤仆人。到 18 世纪，手铃为铃绳取代。[7] 铃绳由线路与滑轮组成，是一种复杂的系统，主人只需拉一下绳索，铃声就会在房屋另一端响起。铃绳的问世，是因为当时家庭隐私意识的兴起，人们开始强调主仆之间应保持距离。拜寝室天花板降低所赐，当时的仆人若非住在隔开的厢房，就是住在楼层之间的小房间。举例说，炉灶之所以在 18 世纪越来越盛行，主要就因为它们可以从邻室穿过墙壁加以照看。"哑巴侍者"（dumbwaiter），即递送食物的升降机（这个名字可谓取得恰到好处），是 18 世纪的又一发明，其目的也是不让仆人接近主人。*

路易十四的凡尔赛宫一直是个"大房子"，它是法国最大的建筑物。凡尔赛宫是一个公共场所，宫廷人员穿行其间并无多少限制，也因此无甚隐私可言。随后这种情况开始出现改变。路易十五在迁入凡尔赛宫以后做的第一件事，就是重新安排他的生活区。那座巨型寝宫依然如故，那些做给臣民观看的、奇异独特的起身礼（lever）与就寝礼（coucher）也仍然保留，不过这一切现在已沦为形式，因为国王睡在其他地方，而且睡处很隐秘。路易十五的私人寝宫不对闲杂人等开放，它名为"小屋"倒不是因为房间少（有 50 间房），而是因为这些

---

* 一般人也运用同样科技以操作"座椅升降机"，这种装置在富有之家颇为常见。蓬巴杜夫人在凡尔赛宫有一部私人的座椅升降机，可载她到她位于二楼的公寓；在卢森堡府邸，所有楼层都有这种升降机。[8]

房间本身很小，至少以当时的标准而言很小。这个小寓所的御用房间为人戏称为"鼠窝"，包括许多秘密通道、隐藏的楼梯，和许多凹室与密室，每一间都装饰得极尽华美。

原是公共人物的国王，现在居然渴望有隐私生活，说明布尔乔亚阶级的价值观已经对宫廷生活构成相当的影响。以路易十五的例子而言，使他深受影响的，是伟大的布尔乔亚女性让娜－安托瓦内特·普瓦松，也就是著名的蓬巴杜夫人。她曾当过路易十五短时间的情妇，随后成为他的红粉知己与密友，并且担任他的顾问前后近 20 年。她不仅深深介入政治，也负责为宫廷服饰定调，并从而成为整体风格的仲裁者。她不仅鼓励路易十五研究室内建筑，并且导引他朝小巧、美丽而隐秘的建筑发展。在一封致友人的信中，蓬巴杜夫人描述她在凡尔赛宫的寓所"隐士居"（Hermitage）的情况如下："那是一间 16 码乘以 10 码（15 米乘以 9 米）的房子，上面空空如也，你一定看得出它能有多宏伟；不过我在那边可以独处，或与国王以及二三友人结伴，所以我很快乐。"[9] 隐士居是她最小的一栋房子，她总共建造或翻新过六栋房子。在激起国王的兴趣以后，蓬巴杜夫人以一项接一项的计划让国王沉醉于室内装饰，一股全面性的室内装潢流行风于是吹起，亲密、隐私与舒适等这类"现代"观念也于是加快脚步问世。

民众对室内装潢流行时尚的兴趣反映在法国社会各个角落。巴黎布尔乔亚阶级的住处隔间开始比过去分得更细。公寓不再只包括两三间房，它们至少有五六间大房，而且房间的安排显然已与现代观念若合符节：走出公用的楼梯就是入口门廊，顺着门廊来到仿佛大玄关一般的前厅（接待室），从前厅可以通到每一间房。除厨房以外，公寓中还有一间餐厅与一间客厅，另外还包括私人卧室，经常还设有闺房，以及几间供贮物与仆人使用的小房间。

这些房屋的形貌也必须谈一谈。它们的装饰风格源于法国，即日后所谓的洛可可风格*。洛可可风格的建筑物常以贝壳、树叶等图形以及精致的涡形花纹为饰，而且一般都还在这些花饰上镀以金边，更添豪华。屋内任何部分，只要可以装饰必定加以装饰。尽管这些施工技艺都极度精巧、无懈可击，但这种无所不饰的做法，往往导致一种令人无法喘息的整体效果。建筑风格不是这本书的主题，不过它经常是民众品位的指标，也往往对房屋安排的方式造成限制。以洛可可风格的案例而言，令人感兴趣的是这种装潢的应用方式。建筑历史学家彼得·柯林斯曾指出，曾经设计许多著名洛可可室内装饰的尚－弗朗索瓦·布隆代尔，从不在他设计的建筑物的外墙使用这类装潢，他设计的建筑物永远采用极具古典风格的外墙。[10] 事

---

* 这个词是 "barocco" 衍生的双关语，"roc-" 来自 "rocaille"，意指贝壳工艺或圆石工艺，是一种典型的装饰图形。像所有艺术史的名称一样，这个出现于1836年的名称也是根据事实而创的。它也不是恭维之词，发明它的是一些反对这种风格的批判之士，他们也称这种装饰类型为 "chicory"。

实上，洛可可式的花饰几乎从不曾见于法国建筑物的外墙（不过后来确实曾出现于意大利与西班牙的建筑物）。洛可可是第一种不以室外为对象、专为室内装饰而创的风格，这不仅显示一般人已经体认到房屋内部与外在大不相同，也证明了当时已经在室内装潢与建筑之间做出重大区分。在过去那个时代，这两者之间的区分不若今天明显；在过去，房间的建筑就是外观的建筑。直到洛可可风格兴起，布隆代尔这些建筑师才开始以"室内装潢"为专业。这项发展加速了家居生活在安适方面的进步，亦使各项后续改革有其可能。洛可可后来为其他风格取代，但所标榜的建筑物内部与外部应分别对待的信念，则一直流传至今。

伟大的法国建筑师兼教育家雅克－弗朗索瓦·布隆代尔，在他传世不朽的四册巨著《法国建筑》（*Architecture Française*）中说明了在这个时代支配建筑设计的各项原则。《法国建筑》于 1752 年首次发行。雅克－弗朗索瓦·布隆代尔是尚－弗朗索瓦·布隆代尔的侄儿，他是路易十五的建筑师，也是欧洲第一所专业建筑学校的创办人。他一再强调，成功的建筑设计应该以罗马建筑师维特鲁威首创的理论——"物品、坚固、乐趣"——为基础。我们且就其中第一项概念——"物品"——做进一步探讨。

就像当代的其他人士一样，布隆代尔也用"物品"

112

（commodity）一词来表示使用的便利性与适宜性，同时他刻意使"物品"的含义与纯粹的审美观（"乐趣"）或结构上的必要需求（"坚固"）有所区分。"物品"一词也含有"舒适"之意，只不过它以一种极特殊的方式来表现。根据布隆代尔的论点，设计房屋的正确方式是将房间分成三类：仪式性房间类型（appartements de parade）、正式接待性房间类型（appartements de société），以及他所谓的舒适性房间类型（appartements de commodité）。"在一栋大型建筑物中，舒适性类型与其他类型不同，因为它包括的房间通常不对陌生人开放，这些房间主要供房屋的男主人或女主人作私人用途。寒冬时节，他们会在这些房间睡觉；身体不适时，他们会在这里休息；在处理私人事务与接待友人或家属时，他们也会利用这些房间。"[11] 正如同易于搬动的轻便家具不能取代正式的巴洛克式家具一样，舒适类型也不能取代仪式与正式类型。"舒适性房间"是一种后台，是一种可以让人把头发放下来（也就是说，可以取下假发）放松、休闲的地方。

布隆代尔特别提到屋主们在冬天将这些房间作为寝室使用，这具有相当意义：因为这些房间不仅比较小，取暖设施也比较好。在17世纪，房间由于一般都很巨大，即使拥有有效的壁炉设备也不可能温暖舒适，更何况当时壁炉的取暖效果并不好。路易十四的凡尔赛宫拥有许多富丽堂皇的壁炉，但这些壁炉主要只是一种装饰，并不实用。在中产阶级的家中，壁炉一般主要用于室内烹调；被人们当成取暖设施使用只是它的次要用途，而且并非十分有效。于1720年左右，建筑师们发现了建造可以产生气流的壁炉与烟囱的新方法。这种方法不仅可以去除烟雾，还能促进燃烧，将更多热气送入室内。布隆代尔认为，这种将较小的房间与较佳的壁炉两者结合的新发现，可称为一种"取暖设施的革命"。[12] 无论布隆代尔此说是否中肯，有鉴于取暖设施过去一直为人所忽视，这项发现确实是一大进步。新建的房屋装设较小、较有效的壁炉，旧有房屋的老壁炉被改建、缩小，或转作他用。屏风的使用更增添了这些新壁炉的效益：坐在壁炉前取暖的人，可以将屏风置于身后，既能保暖，也能缓和气流。房间的舒适度大幅提升。

时下在德国使用的瓷质炉灶也成为一种时尚。这些炉灶通常被设置在壁龛中，大家可以从隔壁的外室穿墙生火。尽管炉灶在作为取暖装置使用时颇具功效，但过去一直认为壁炉有碍观瞻，也因此在一开始只在餐厅与外室（接待室）才设炉灶。18世纪50年代之后，壁炉洁净、无烟与散发热气的优点终于浮现，在较重要的房间也开始装置壁炉。[13] 不过，虽然如此，为讲究品位，大家常将装设在时髦房屋内的壁炉巧为装扮，或扮成一种台子，或扮成装饰用的瓮。

"物品"概念代表的另一层意义，是浴室的逐渐普及，或者应说"多浴盆房间"（bathsroom）的逐渐普及，所谓"多浴盆房间"是法国人的说法，因为在法国，浴室内一般有2个浴盆，1个用来洗，1个用来冲。凡尔赛宫内至少有100间浴室，单在国王居住的寝殿就有7间浴室。浴室中一般都有洗身盆，但不设马桶；在这个热情如火的年代，这盆子是一种有用的装置。宫内在"英吉利之地"（English place）设有一个早期的抽水马桶（"英吉利之地"的这个名称取得有些古怪，因为抽水马桶一词在当时的英国还闻所未闻）。[14] 在当时，普遍使用的设备不是马桶，而是摆在专用房间的加盖尿壶，或者，在较不考究的情况下，是摆在卧室旁的外室的尿壶。

18世纪对清洁的重视程度如何不得而知。我们19世纪的先祖们相信，路易十五统治下的法国是一个放荡不拘、不重卫生的国度。历史学家吉迪恩曾说，当时的法国"欠缺最基本的清洁意识"，[15] 不过在此必须指出的是，吉迪恩是一位要求甚苛的瑞士人，其他历史学者的态度就没有那么明确了。[16] 证据显示，当时法国人认为洗浴是一种好玩的消遣，生活中并不必要，浴室就像今天的按摩浴缸一样是一种时髦的装备，而不是一项必需品。若非出于这种心态，如何能解释当时法国人经常在安装浴室之后不久，又忙着加以拆除的古怪行径？此外，从当时对热水供应的注重，以及对浴室的刻意装饰来看，一般人已经越来越重视清洁，至少对洗浴的重视已不断增加。在布隆代尔绘制的一幅巨宅设计图纸中，我们见到一大间浴室里摆着3个浴缸，只是这间浴室的位置似乎不甚实际，它位于一排直线排列房间的顶端，紧邻着图书室，距寝室却有相当的距离。[17]

不过，浴室在当年仍属富裕之家的专利，可以移动的全尺寸浴缸直到 18 世纪末期才逐渐普及。在那以前，绝大多数的人仍用铜制或瓷质盆子洗浴。但即使在一些布尔乔亚之家，在清洁卫生问题方面也已有所进步。雅各·韦伯克特是一位宫廷木匠，曾为凡尔赛宫制作若干美丽的木饰，他的财产清册中包括一个装在墙上的水龙头，以及一面专为洗手而设计的铜制盆子；这套设备装置在餐厅旁的玄关中。[18]

中世纪的宗教意识对当时室内装潢的影响持续了极长一段时间，时人对"物品"概念的追求，是否即是一种为挣脱这种束缚而进行的反宗教行动？皮尔（J. H. B. Peel）认为，18 世纪的人之所以特别重视肉体舒适，主要是因为宗教信仰的式微，或者也可以说是因为宗教热忱或多或少地降低了。[19] 当然，要设想出一个比路易十五统治下的法国更加物欲横流的社会并非易事，不过当时的法国社会极其复杂、充满矛盾（就像所有的社会一样），我们想了解它可不容易。那是一个既重祷告又重玩乐的社会，对乐趣的追求，驱使它迈向时而奢华无度的洛可可式风格，但同时也导引众人发掘安适。现代人对于一致性的考量令 18 世纪的人不解。路易十五一方面崇尚富丽奢华，另一方面又欣赏夏尔丹这类田园风情画派画家的作品，因而拥有两幅夏尔丹对布尔乔亚之家生活写照的画作，对于这样极端相异的喜好，我们现代人一定大感不解。路易十五一方面热爱打猎（据说在成年以后，他每年猎杀 200 头以上的鹿），

116

另一方面却又在宫殿屋顶上亲自饲养鸽子与兔子，这样的行径也让我们无法理解。此外，要想区分什么是为享乐而做，什么只是一种夸张虚饰也不是件容易的事。当路易与他的情妇藏身"隐士居"中，她为他做煮蛋时，他俩追求的是舒适，还是一种假扮夫妻而享的闺房之乐？布歇画作中的仕女，是否果真如她们外表所示那么轻松自在，或者说她们的心情就像在致辞或是走路时一样，深受姿态*的影响？

无论如何，妇女对任何一个时代的人的行为态度都有巨大的影响。法国洛可可时代表现的那种精致细腻，经常被称为"脂粉风格"，而且所谓脂粉不单是象征意义而言，事实上也正是如此。如果说房屋的室内装饰果然反映一种不同的感觉，那不仅因为路易十五（从而他的整个宫廷）完全为蓬巴杜夫人把持，也因为中古时期法国的一切社交生活完全被妇女支配。

妇女在法国社交与文化生活中主控全局的情形并非始于18世纪。早在赛维尼夫人、曼特农夫人、乔芙兰夫人以及德芳侯爵夫人纵横法国政坛以前，拉布雷侯爵夫人在17世纪的法国已是著名贵妇，她首创私人卧室的过程在本书前文已述。她的住所（据说是由她本人设计的）成为法国艺术、文学与时

---

* 即所谓的"凡尔赛曳行"（Versailles shuffle），小而匆忙的滑行式步子。宫内妇女由于身着极长的裙子，裙内用网架撑着，所以走起路来有一种滑行的效果。

尚的中心，光芒甚至盖过宫廷。身为路易十四孙女的勃艮第公爵夫人，据说是摄政风格的首创人；摄政风格盛行于路易十四王朝最后几年，以不拘泥礼节著称。不过直到18世纪，贵族与中产阶级妇女才完全站稳脚跟，成为当代行为、态度的主导人。她们的影响力凸显于许多方面，特别是在礼仪与家居行为方面，她们的软化效果尤其显著，这类礼仪行为也因她们的影响力而日趋亲密、放松。就像荷兰妇女将家庭生活引进住所一样，法国妇女主张家具应该便利实用，而且后来也如愿以偿。当然，与荷兰妇女在荷兰造成的家庭生活效果相比，法国妇女在法国导致的结果自然不同，但在家居生活演进的过程中，两者都是同样重要的。

专为妇女设计的新型座椅与躺椅开始大量出现——这一点最能凸显妇女对时尚的影响力。我们很确定家具发展深受上流社会妇女的影响，因为根据当时习俗，贵族在家饰，甚至在自家住宅的设计中都扮演着积极的角色。[20] 各式各样、专为妇女设计的躺椅与安乐椅于是出现了。"侯爵夫人"与"公爵夫人"是两种躺椅，我们从名称可轻易得知它们的原始出处。甚至于附有椅垫的扶手椅，也因妇女的服饰而有其造型：它的扶手靠后，以免压挤到妇女的宽裙；椅背很低，如此才不致损及妇女所戴的夸张头饰。

负责生产这类家具的是细工木匠，随着时间的不断逝去，他们不仅在技艺方面不断精进，对作品的人体力学与装饰层面的了解也越来越深。今天我们在欣赏这类家具时，爱的是装饰的效果。但那些工匠的最伟大成就，却主要在于他们对人体力学的了解，因为这些美丽的洛可可座椅最大的特色，就是坐起来极其舒适。这主要是填充垫料运用得当的结果。中世纪的座椅一般使用平直的木质椅座，几乎从不使用填充垫料，充其量只是在椅座上摆个垫子而已。不久以后，众人开始运用皮革、藤与灯芯草等各式较具弹性的材质制造椅座。为防止滑动，工匠难免设法在椅子上加垫，于是导致17世纪末期附椅饰座椅的问世。这项发展因法国洛可可家具的出现而达到顶峰；以洛可可式座椅为例，不仅椅座与椅背，甚至连扶手都运用了填充垫料。

当身体获得适当支撑时，坐得舒适就实现了。这样的舒适似乎是轻而易举、随意可及的，其实不然。事实上，正因为实现坐得舒适是一项极其复杂的过程，让我们称奇的不是中世纪的人居然造不出舒适的座椅，而是古希腊人居然能发现制造舒适座椅的技巧。为确保舒适，也就是消除不适，座椅必须同时能够满足若干条件。座椅必须具备足够的填料以免骨头承受压力，但填料也不能过多，以免坐的人因大腿与臀部本身压迫骨盆根部的钉骨而感到疼痛。座椅基于结构原理而必备的前栏，其位置必须低于椅垫，否则它会抵着坐着的人的大腿。背部的支撑也有其必要，因为坐在椅子上的人的背部多少应保持直立。但背部呈90度角的直立并不舒服，理想的坐姿其背部应略往后倾，椅背最好稍呈弧度以配合并不平直的脊柱。不过椅背的角度也不能太大，否则坐在上面的人会往前滑。身体一旦前滑，体重便不再由腰椎承受，胸部于是挤压到腹部。这样的坐姿会对肺功能造成轻微的影响，坐的人也会因吸入氧气的减少而感到疲乏。[21]

以下是世上何以有高坐与蹲踞两种文化之分的原因。人类几乎不可能在无意间满足舒适座椅必备的各项条件，而坐在椅子上既笨拙又不舒适的概率又太高，可以想见于是许多文化在经过一番尝试之后，决定放弃椅子、干脆坐在地上。这项选择进而影响整体家具的发展，因为一旦不使用椅子，桌子自然也成为多余，而一个讲求席地而坐的社会自然也不可能发展出碗橱、五斗柜与书架这类直立式家具。

制造洛可可家具的细工木匠解决了一切涉及座椅舒适的各项难题。有证据显示，他们曾参阅研究资料，以了解不良的坐姿与姿态问题之间的关系。早在 1741 年，尼古拉·安德里·德布瓦勒加尔就在法国出版了有关这类问题的研究。[22]尼古拉·安德里·德布瓦勒加尔不仅指出了设计不良的座椅对人体造成的不利影响，甚至说明了各式座椅应有的尺寸大小。部分因为这类分析研究，部分因为不断的尝试与改进，法国的细工木匠终于成功研制出了舒适的坐具这一后世的设计人员无法超越的成就。

椅子的坐垫以马尾毛为填料，以形成坚实的支撑。妇女

120

的座椅由于承受的重量较轻，一般以软毛为填料（当时弹簧还没有问世，直到19世纪20年代才被普遍使用）。座椅的衬垫不是平的，而是呈圆顶型隆起，如此一方面使椅座中部承受较大重量，另一方面也使前栏不致抵着坐着的人的大腿。呈小角度后倾的椅背已于上个世纪设计成功，当时几乎为所有这样的椅背衬上略呈曲线的垫。这些衬垫通常覆以锦缎、丝绒与绣帷，这类材质（不同于木质或皮质）表面都不平滑，如此可以防止坐在椅子上的人前滑。

以这种方式解释当年在舒适问题上获致的成就，或许有过于客观之嫌。座椅之所以舒适，不仅因为它们满足了人体生理上的舒适要件，也因为它们能切合时代的需求。散发着慵懒气息的躺椅，予人一种亲密的渴望，做爱自是不在话下。沙发设计得很宽广，倒不是为了让多人同坐，而是为了让人可以撑着腿，手臂放在椅背后方。此外，当时一般人的衣饰繁复，所占空间很大，这也是设计沙发时所要考虑的。宽大的安乐椅让人可以采取多种坐姿。充满生气与动感是18世纪社会的特色，当时的画作经常显示男女一起侧坐，或斜靠在椅背上。到了19世纪，人与人一般各自独坐，而且彼此的座椅之间也分得很开。但在18世纪，大家经常把他们轻便的座椅拉在一起，一则以利亲密，一则也便于交谈。

法国的座椅有许多名称。英国的座椅名称为"盾背"椅（shield-back）或"梯背"椅（ladder-back），象征着一种技术标志；法国的则不是，而是一些极为感性与妩媚、总以女性为联想点的名称。例如"牧羊女"椅就是一种小型安乐椅，有衬得很坚实、略呈弧度的椅背，以及一张厚厚的软毛坐垫。"看椅"则是一种高背椅，椅背上有一道衬着垫子的栏，可以使另一个人从后方俯身靠着椅背，看一场牌局，或参与一项谈话。"不眠椅"是一种低矮的无背长沙发，供斜靠之用。"暖椅"是一种没有扶手、短腿的小型座椅，可以在更衣之际拖到炉火边；这种椅子由于很矮，仕女们可以轻松坐在上面穿她们的长袜——它的现代名称"穿鞋椅"（slipper chair），即源于此。

家具除实用性以外，总是还具备一种象征性功能。在今天，18世纪的洛可可家具代表着主人的财富与权力，尤其当它是真品而非仿古家具时更是如此。它代表着许多联想，例如君王的权势、过去的尊荣，以及古董收藏的名望。至少当我们在兰黛夫人的办公室，或在里根主政期间的黄色椭圆形办公室中见到它时，我们产生的是这种联想。绝大多数这类联想都是现代人才会有的。洛可可家具那种富丽的装饰，在我们眼中不过是装饰而已，但它们一般都有古艺术经典的价值，而当年法国人不仅极为了解，也十分尊崇这些经典之作。他们称悬架在两个直立支架上的穿衣镜为"普绪克"（psyche）；普绪克是希腊神话中一位女神的名字，她的美丽曾让爱神丘比特也看得目不转睛。用以支撑一张小几，或一个洗脸盆的三脚架，则被法国人称为"雅典架"。

洛可可家具还有其他意义。不同的家具坐落于不同的房间，代表着不同程度的正式性，也因而代表不同的行为模式。由于饰品随季节变化而改动，仅凭家具也能解读春夏秋冬之分。这就好像对我们而言，一张帆布折叠椅意味着夏日假期，一把安乐椅表示冬日炉边的阅读一样。

以上对法国洛可可家具的简短介绍，应能凸显出 18 世纪"舒适"这一概念的复杂性与丰富性。这种概念有一项实体成分——要使坐的人轻松，但不仅于此。路易十五王朝的安乐椅不只坐起来舒服，同时还有一种轻松自在的形貌。对于这种座椅的主人而言，后者的重要性至少不下于前者。中央呈圆顶状隆起的造型不只有其实际用途，也是对座椅骨架曲线的一种衬托，骨架曲线本身反映的，则是当时以情欲挂帅的视觉品位。椅座上华丽的花绣当然有防滑的作用，但同时也是对壁板上金色纹饰的呼应。家具有男性阳刚与女性妩媚之分，反映了当时在穿着与礼仪中常见的一种社会现象。椅子是一种让人想坐下来的装饰性物品，不过它不仅令人赏心悦目，坐下来也令人舒畅不已。所以若说 18 世纪发现了实质意义上的舒适，这是毋庸置疑的；但不同于今天的是，当时从未因迁就便利与舒适而放弃其他的一切，而我们今天似乎往往只重舒适而忽视了其他。这也正是当我们在描绘一把路易十五王朝的座椅时，首先映入脑海中的不会是"物品"（commodity）的原因。我们会认为这种座椅状貌极为优雅，令人赏心悦目，它当然美丽，但坐起来应该没什么特别的舒适之处。不过事实上，这种椅子最大特色正在于舒适。

第五章

安逸

插画说明：克斯廷，《刺绣中的女孩》（*Girl Embroidering*，约于 1814 年）

"哦！最舒适的事莫过于待在家里了。"

——简·奥斯汀，《爱玛》

（*Emma*）

时代性风格来来去去，有时还会卷土重来。它们各引领一段时间的潮流——通常是 50 年左右——之后变得过时老气，最后逐渐为人淡忘，或成为历史书籍中的一段记述，至少就社会大众角度而言这两者之间其实并无区分。当然，直到 18 世纪，所谓"时代风格"一词严格说来并不正确。虽说早自文艺复兴以来，建筑师即已不断回顾过去以寻求灵感，但他们并不模仿过去。尽管古典装饰反映着一种对希腊与罗马文化的崇尚，但巴洛克式风格并无历史上的先例，而洛可可式室内装饰的先例就更加难寻了。

　　洛可可于 1770 年退出流行，代之而兴起的是古典复兴（Classical Revival），这是人类第一次设法将过去的风格完整再现，这次重现的是古罗马文化。19 世纪期间，许多老风格再度被搬上台面，不过其中绝大多数如伊丽莎白风格与埃及风格，对于居家生活的舒适并无多少助益。新哥特风格很适合国会建筑，但是它的室内设计带有一种宛若葬礼或教堂般的气氛。摩尔式与中国式的房间虽富异国风情，但无法予人一种家的舒适感。莫里斯极尽夸张能事的中古主义也失之烦琐。它们最终都在维多利亚风格之战的混乱中湮没了。

　　虽然到 20 世纪之初，将历史风格完整再现的做法已经被厌弃，但复古的念头仍时刻令我们心动。曾在 19 世纪 60 年代重新流行的"路易风格"，在 20 世纪初期再次浮上流行台面，这主要受到美国第一位女性室内设计师埃尔希·德·沃尔夫的影响。尽管沃尔夫在品位上兼收并蓄，不过她很厌恶维多利亚式的厚绒布与古玩装饰。凡尔赛宫的蒂亚农别墅（Villa Trianon）经她整修之后，成为一座路易十五风格与路易十六风格相混合的建筑。别墅中的古董家具都是真实古物，不过其中也包括其他时代的艺术品，而且还混着几件没有特定风格、坐起来很舒服的大沙发。别墅的整体效果是一种似有若无的历史重现感，但又没有那种拘泥的迂腐。沃尔夫的意旨是将历史引入现代生活，而不是让现代生活走入历史。

以时下而言，一般人对建筑史的兴趣也不在于全盘复古。许多所谓的后现代建筑加入了古典建筑手法（如壁带、山形墙、拱门等等），但一般不会拘泥于史实、一丝不苟地重现历史风貌。举例言之，纽约市的美国电话与电报公司大厦采用的齐本德尔式楼顶就能予人一种走入历史的感觉，但这项设计的目的无疑不在于重现历史。斯图加特国立美术馆新馆（Neue Staatsgalerie）的外墙以大理石为饰，就像附近其他新古典风格的建筑物一样，但外栏则是几条以玻璃纤维制成的、极为夺目的粉红色巨型"香肠"。如此设计造成的戏剧效果更胜于历史效果；画廊设计者的意旨在于游戏历史，但一方面也要使人一眼就能看清这是一栋现代设计建筑。

宁可重修古建筑物而不愿建造新建筑物的念头，反映在造成 19 世纪复古风的那种存在于现代概念的不安全感。但维护历史陈迹与重现历史并非同一回事。如果美国南方出生的演员乔治·汉密尔顿在密西西比州买下一栋庄园式府邸，他应该会在好莱坞那些布景设计师的协助下加以整修，重建它在南北战争以前的灿烂光华。[1] 这类型的全面整修极为昂贵，不过即使是规模较小的整建工程，例如翻新一栋 19 世纪的城市屋，设计师也经常以较为传统的方式来摆饰家具，以呼应房间的建筑特性。当屋内陈设的是古董家具时，设计师自然有意创造一种适当的环境，就像兰黛夫人那间路易十四式办公室的情况一样。至于这间办公室位于传统高楼办公建筑的事实，对这种环境并无影响。设计师之所以创造这样的环境，并非要精确重现历史。他们主要是为了营造一种适当的心境，他们认为只要无损于心境，将不同时代的家具混在一处并没有关系。

　　我们已经习惯于在现代建筑物中见到富有历史意味的陈设，我们也知道有可能会在历史性建筑物中见到时髦家具。以一种特定的历史风格来装饰家中或公司的一个房间，比较可能引起的反应是敬佩而不是惊讶。不过，不分室内室外、完全根据历史旧观将整栋建筑重建，而且重建目的不是作为博物馆来展示，而是为了每天生活其中，这样的案例则极为罕见。大卫·安东尼·伊斯顿不久前为伊利诺伊州一户人家设计了一栋这样的房子。[2] 这栋房子使用现代建材（有时建材经过处理，以制造一种年代久远的外观，或至少使它们看起来没那样新），而且备有空调、中央暖气与电力设施，但是外观、设计与房间的安排，都与两百年前一样。房屋的细节也完全仿古，从门把手到呈锯齿状的壁带，都与旧观一样。屋内的家具若非真正的古董，就是18世纪的设计的复制品。这栋建筑既非仿造当年某一栋特定房屋而建，也不是"现代版"历史风格的具体化。它也不是对过去的一种诠释。这栋仿古建筑之所以出现，据说是因为一位18世纪的建筑师不知如何阴差阳错，发现自己居然现身于20世纪美国的中西部，于是他设计了这栋房屋。这是一件真人实事，当然，这是说，如果他所说的这段古怪经历确实不假的话。

这栋房屋的风格为乔治亚式，乔治亚建筑风格流行的期间约相当于乔治一世到乔治四世统治期间（1714年—1830年）。伊斯顿设计的这栋精美的复制建筑物，是否又是另一波复古风的先声？不过，所谓将乔治亚风格"复古"的说法并不正确，因为这种风格的流行从未间断。仅在一段短暂时期，大众品位偏爱较华丽、较繁复的室内装饰，除此之外，乔治亚式建筑风格一直未曾间断，至少在英语世界情况如此。前不久有一本书以英国"乡村屋"为探讨主题，所谓乡村屋指的是建在庞大乡间地产上的华丽住宅。这本书的作者还编撰了一张表，列出了20世纪50年代以来建造的所有这种类型的房屋。[3]果不出所料，这些房子尽管以宏伟壮丽为设计着眼点，但与

18 世纪建造的房子相比，规模仍显稍小，而且订造它们的主顾不单包括公爵、伯爵，也包括一位房地产商与一位赛车手。无论如何，这样的房屋共有 200 多栋。这项统计数字本身已经令人意外，但让人更吃惊的是，这些房子大部分都有一个共同点：它们都是新乔治亚风格的建筑。

乔治亚式室内装饰的魅力之所以能持续不减，并非流行史中的一项意外。它之所以盛行不衰，主要因为它代表的是一个将家居生活、优雅与舒适结合得空前成功的时代，许多人甚至认为这项成功是室内装饰史之最。舒适的概念在发展仅具雏形的情况下进入欧洲人的意识，并在欧洲逐渐发展、成长。虽然它在洛可可的法国获得了长足的发展，但它的演进并未停止于此。约从 18 世纪中叶或更早的时间起，乔治王朝统治下的英国对舒适概念的影响力开始越来越大。当时的英国受经济与社会条件，以及民族个性的影响，舒适的意识得以蓬勃发展。

法国的社交生活以凡尔赛宫与邻近的巴黎为焦点。在法国，宫廷以及蓬巴杜夫人等宫廷人物，在引进灯饰、轻便家具这类时尚新品的过程中扮演着重要角色。这类流行或许自布尔乔亚的亲密与休闲观念而来，受到了宫廷环境的转化。当年的法国毕竟是一个都市社会。法国贵族在自己拥有的土地上建造美丽的府邸，但这些府邸尽管宏伟华丽，却不是永久住所，它们比较像一种周末度假屋，只不过规模极大罢了。法国贵族中，只有那些遭到贬斥，或无力负担巴黎生活消费的人才会住在乡间。

英国不一样。以圣詹姆斯宫为例，这个宫廷对社交生活就几乎全无影响。汉诺威王朝的乔治二世是一位欠缺想象力的国王，他的声望一直比不上路易十五，不过他至少还会说英语，不像他父亲乔治一世只会说德语。尽管他确实想办法使作曲家亨德尔从汉诺威移居伦敦，但他的宫廷是个暗淡无光的地方，与凡尔赛宫相较实有天壤之别。此外，英国贵族也比法国贵族更具权势、更加独立得多。他们都是重乡重土的士绅，在乡间的资产就是他们的财富与骄傲。在当时的英国，没有任何事物能与法国的宫廷风格匹敌，但英国人重视的是乡间生活，他们也不以住在乡间为鄙俗。独特的英国乡村屋就是在这种状态下应运而生的。乡村屋即使不能取代城市成为英国社交生活的舞台，至少也具有相辅相成的效果。当时美国驻英大使就有以下一段谈话："所有在英国社交圈举足轻重的人士，几乎无人住在伦敦。他们在伦敦置有房子，当国会开议，或当他们在其他时节到访伦敦时，他们就住在这些房子里，不过他们的家都设在乡间。"[4] 这种对于居家乡村的偏好影响了建筑上的设计。英国的城市屋通常并列成排，与巴黎那些独栋的府邸不同，它们的设计与安排早在 17 世纪结束以前就已经制式化了，并且在之后的 150 年里少有更改。此外，乡村屋则展现着各种风貌，它们的计划与设计也成为屋主与建筑师最关注的事情。

对乡村屋的偏好，为英国整体社会带来巨大影响，特别

132

是对布尔乔亚，就像法国的情况一样，英国布尔乔亚也喜欢模仿上流社会的作风。这种现象的推波助澜下，英国布尔乔亚发展出一种远较法国人轻松的生活方式，这种方式最终产生了一种不同的居家理念。舒适意识在一种贵族式的环境中首次出现于法国室内装潢中，之后它也一直受限于这种环境。洛可可式家具或许确实为宫廷带来轻松、不拘形式的气息，但它无论如何未曾摆脱那种宫廷的渊源；即使是在今天，一个摆满路易十五式家具的房间，再怎么摆饰也难免显出那种帝王般华贵的外观。但一旦舒适的概念传入英国，它便开始具有另一层意义。17世纪以后，英国人除了称他们的住处为"住宅"（house）以外，几乎不用其他名称称呼他们的家。他们不使用"府邸""华厦"甚至"别墅"这类名称来区别住处的大与小、华丽与朴实，在英国人眼中，它们都是住宅。

这种舒适概念的家庭化也得力于英国的社会结构，因为当时在英国社会中，财富分配的情况较法国略为公平。在英国，贵族与富有的中产阶级之间的区分不若法国明显。一位"绅士"可能是贵族，也可能属于中产阶级，重要的是他的行为表现如何。虽说这种情势并未能使英国社会趋同于17世纪的荷兰共和国，但它确实使布尔乔亚的务实性对居家舒适产生了重大影响。

乔治王统治下英国的繁荣，使英国人得以享有较之过去超过甚多的悠闲，不同于荷兰人的是，英国布尔乔亚把握了这个机会。他们是如何运用这些闲暇时间的？18世纪的英国人对耗时费力的体育竞技活动几乎毫无兴趣。除了骑马与打曲棍球以外，他们极少运动。青年们在隆冬时节有时也会滑雪，滑雪是17世纪由荷兰引入英国的休闲活动。英国人这时开始意识到"海风"的好处，不过他们前往海滩为的是散步而不是游泳。直到19世纪末期，游泳在英国才逐渐普及。事实上，所有传统布尔乔亚的运动都直到19世纪才开始出现。门球在19世纪50年代由法国传入英国；约于同一时间，高尔夫球与保龄球也从苏格兰引进；网球则约于1874年出现于温布敦。甚至是对中产阶级（特别是对妇女）休闲习惯转型影响至深的自行车，也直到19世纪80年代，才在商业推广方面获得成功。

因此，不事运动的18世纪英国布尔乔亚，把绝大部分时间都花在家里。住在乡间的人，在没有城市的那些剧院、音乐会与舞会活动的情况下，所进行的休闲活动就是彼此互访。这是一个充满交谈与闲话的时代。小说开始盛行。室内游戏也盛行起来，男士玩撞球，女士做刺绣，聚集一处时他们就玩牌。他们组织舞会、晚宴与业余戏剧表演。他们使茶（tee）从一个荷兰字（也是一种外国饮品；英国人也称茶为中国饮料）转化为一种全国性习惯。他们仍然热衷于一边宁静地散步，一边欣赏着他们的一项伟大成就——英式花园。由于这一切活动或出现于住处内，或发生在住处周遭，家的社交重要性也就高涨至前所未有的地步。家不再像中世纪那样是一个工作场所，它已经成为一处休闲之地。

　　家成为一种社交场所，不过进行社交的方式极富隐私意味。这时的家不是中古时代那种人人厮混相熟、随意进进出出的"大房子"。事实上正好相反，英国布尔乔亚的住宅是一处与世隔绝的地方，只有经过慎重筛选的访客才能获准进入；外在世界的一切则被拒之门外，家庭与个人的隐私获得最大可能的维护。他们讲究"居家日"与"晨访"（所谓晨访，其实是在下午进行的）。家居生活礼仪最重要的依据就是沉默；他们派遣仆人为信差，与紧邻的邻居互通讯息，以避免不速之客。未经邀请而登门拜访是不礼貌之举，即使对象是你的至交也不例外。如果计划访友，必须首先留下"拜访卡"，然后等候回音。

　　在获得主人以适当方式提出的邀请以后，访客可以登门，而接待他入屋的第一间房就是前厅。贵族的住宅一般都有一个中古式、位于中央的大厅，而中产阶级住宅的前厅则是紧接入口的一间房，以便访客从这里进入各主要客室。*由于主楼梯也设在这里，所以这是一间大房；同时，为表示不忘中世纪祖先的习俗，这间房里通常也陈列着武器与甲胄。尽管它已经不再是一间主聚会室，但在正式场合，它仍然具有作为迎宾与送

---

* 随着时间逝去，一度堂皇的大厅成为玄关，充其量也不过是个大玄关。现代家庭尽管仍然沿用中古时代流传下来的名称，但所谓门廊已经只是一条以实用为着眼点的走道而已。

客之所的重要功能。访客就是在这里、在主人的家仆冷漠眼光的凝视下守候着，等待被迎入客室。在圣诞节，唱赞美诗的人会被迎入这间房唱诗，遇到重要场合，主人也会在这里聚集仆人讲话。

住处下层的房间大多专供公共活动之用。若干乡村屋保留了法国人以二楼房间做公共用途的传统，但在多数情况下，主要的大房间位在楼下，都可以直接通往花园。这些做公共用途的房间中，最宽敞的首推客厅。富有人家经常有两个客厅，一个供特殊场合之用，另一个供日常使用。客厅一般置有乐器（可能是钢琴、风琴，或一部竖琴），都宽敞得能够举行音乐聚会，特别是舞会。一般人也会在这里摆起折叠桌，玩当时流行的一项消遣：纸牌。为便于进行这许多活动，客厅变得越来越大，有时甚至占有整个楼层。

乔治亚式房屋中公共房间的安排，代表着房屋设计演进过程的中间阶段。现代房屋将客厅与餐厅合而为一，或将客厅、餐厅与家庭活动室合而为一的简化做法，当年还没有出现。在废弃中古时代大厅的设计以后，18世纪采用的设计是建立各式公共房间。究竟应该设置多少，或需要什么样的公共用途房间，并无固定成规，这一切完全取决于建筑师的想象力以及房屋主人的财富。最基本的要求是至少要有一间公共接待室与一间正式餐厅，法国人在前厅用餐的习惯从未被英国人接纳。餐厅只在晚餐时使用，其他餐食则在另外较小的房间，即所谓的早餐室中进行。此外，乡村屋一般还有其他公共房间，但多寡不定。一栋全规模的乡村屋可能设有图书室、书房、画廊、撞球室与温室。

　　一般人有时以功能用途为由，解释乔治亚式房屋何以有这么多各式各样的公共房，不过这些公共房的名称，并不必然能够确切描述它们的实际用途，或它们原本打算的用途。画廊原本为一间陈列画作之用的长形房间，或许后来作为客厅使用；图书室虽然一直陈列书籍，但或许也可以作为主要的家庭活动室使用。早餐室也用于接待非正式的访客。这一切蕴含着相当程度的实验性，从房间名称的不精确便可见一斑。公共接待室有时称为"会客室"（parlor）或"前厅"，供进行较亲密交谈之用；规模较小的房间，或可称为起居室（sitting room）。一些讲究法国流行风格的屋主会设接待室，所谓接待室是夹于大房之间的小空间；他们会称他们的客厅为"沙龙"（salon）。虽然所谓起居室（living room）一词直到19世纪才普遍被人使用，但两个客厅的设计，或是将图书室作为后来所谓家庭活动室的做法，都反映了有必要在屋内辟建一处较为轻松的地方，一般人在这里可以较不拘礼，在这里可以将社交规矩暂抛一边，或至少可以稍事放松。这种同时提供两种类型的公共室，且其中一种跟另一种相比较不正式的概念，在法国设计理念中并不存在，它或许承袭自荷兰。

　　英国人的住屋不仅划分出专供进餐、娱乐与休闲活动之用的公共室，同时也包括家人专有的私室。这时，孩子们大部分时间都待在家中，他们不仅有他们自己的（依据性别区分的）卧室，而且还有附带的育婴室与教学室。卧室数目的大量增加，不仅显示出了新的睡眠安排，也显示出了家庭与个人间出现的新区隔。住宅内的活动区垂直划分：下层为公共使用区，上层为私人使用区。"上楼"或"下楼"不仅意味着变换楼层，也意味着离开其他人或加入其他人。每个人都有自己的卧室，不过这些卧室并非纯供睡眠之用。儿童在他们的卧室中玩耍，妻子与女儿利用她们的卧室做些安静的工作（如缝纫或书写），或与闺中友人密语。人总是渴望拥有属于自己的房间，而这种渴望代表的并不仅是单纯的个人隐私问题。它显示了个人感知的不断提升，显示了个人内在生活的逐渐丰富，也显示了一般人以实际方式表达这种个性的需求。

自 17 世纪以来，社会发生了很多改变。对伊曼纽尔·德·韦特所作的那幅仕女弹奏小键琴的作品中描绘的房间，无法界定明确的功能。它是一间摆着乐器的卧室，还是一间摆了一张床的音乐室？此外，我们也无法明确看出这个房间的主人是谁。图中那位女士确实坐在一间屋内，但我们无法感受到这是她的房间。此外，当我们欣赏克斯廷在 140 年之后所绘的那幅女孩刺绣图的画作时，我们一眼就能察觉到那是她的房间。摆在窗台上的是她栽种的植物，放在长椅上的是她的吉他与乐谱，墙壁上那幅青年的画像是她挂上的，画像上垂着的花饰也是她摆放的。这幅画中洋溢的亲密意识绝非凭空而来，它不像维米尔的画作所表现的那种对过往时光的追怀，它描绘的，是一个经过精心安排、作为个人遁世藏身之用的房间。

简·奥斯汀的小说《曼斯菲尔德庄园》(*Mansfield Park*，在克斯廷绘成那幅画的前一年写成)中那位女主人公芬妮·普莱斯，就拥有一个房间，"无论在外界遭受多少不愉快，她只需来到这个房间，进行若干探索，或思考一些问题，就能立即寻得慰藉。她栽种的植物，她收藏的书（自开始赚钱以来，她一直勤于收集书本），她的写字桌，以及她那些别出心裁之作，都摆在伸手可及之处。当身体不适，不能外出工作之际，或什么事也做不成，只能独坐沉思之时，她总能发现屋内一物一件莫不藏有一段有趣的回忆。"像克斯廷那幅画中的长椅与座椅一样，芬妮房内的家具也既简单又陈旧。房中摆的是纪念品（一幅由她那位置身异国、当水手的兄弟所画的船的素描）而不是奢华的饰品。像克斯廷画中主人翁——画家路易斯·赛德勒一样，芬妮也在窗台上种花，也有一些刺绣等个人财物。克斯廷是德国人，简·奥斯汀为英国妇女，不过两人对房间的描绘都表现出同样的亲密意识与个性。

简·奥斯汀生于1775年，时为蓬巴杜夫人去世11年之后。她一生有两段时期文思泉涌，一段在她22岁左右，另一段则在她41岁英年早逝前不久。这两段时期尽管都很简短，但简·奥斯汀成就了6本脍炙人口的小说。她的生活乏善可陈；她一直没有成婚，父亲是一位乡下牧师，她与姐姐以及她们的寡母同住在汉普郡。就我们所知，她没有什么了不起的罗曼史，她的生活也一直围绕着写信、缝纫与家务工作打转。她不事旅行，也从未到访过欧陆，事实上，她的足迹几乎未曾离开过她的出生之地南英格兰乡间。她对城市生活略有所知，虽说她极少到访伦敦，但她对巴斯市知之甚详，而巴斯市是当时公认的英格兰最美丽的城市。不过这一切对于她身为小说家来说并无妨碍，因为她的小说主题既非富有的贵族，也不是夸张做作的冒险家，而且她不像司各特那样专写畅销的历史故事，也不像巴尔扎克一样以都市黑暗面为小说题材。她以一种早熟的讽刺眼光进行观察，加上相当的幽默感，描绘她所熟悉的世界——那个钟情于乡间的英国中产阶级家庭生活。

以现代的标准而言，简·奥斯汀的小说堪称旷世之作。她的小说没有惊天动地的情节，没有凶杀案，没有令人发指的罪行，也没有灾难惨祸。我们在她的小说中看不到冒险故事或夸张的闹剧，我们看到的是平淡如水的家庭日常生活故事。她的小说情节与狄更斯等人的作品相比绝不复杂，她的故事也不乏悬疑，不过它们主要是爱情与婚姻问题的产物。简·奥斯汀一手创造了一种新类型的小说写作，并且将它发挥到了极致。它的艺术地位与17世纪荷兰室内画派的画作地位相当，我们可以称之为家庭类型的小说。当然，她的作品绝不仅仅是忠实展现当代风貌而已，就像维米尔的画作不仅只是描绘荷兰少妇的居家生活一样。也正如维米尔、伊曼纽尔·德·韦特与其他荷兰室内画派的画家，简·奥斯汀之所以决定完全以日常生活琐事为题材，并不是因为她的才华有限，而是因为她的想象力不需要更宽广的空间。

就整体而言，简·奥斯汀在她的小说中，并没有以太多篇幅描绘家的外观来作为情节背景。她的故事主要强调的是个性与行为，而且她或许也早已将书中人物周遭环境的外观视为理所当然了。不过，虽然在她眼中，这些室内装饰似乎本当如此，但 18 世纪末叶英国住宅的设计，已经走上了一条与欧陆风格不一样的道路。这部分由于英国人特殊的气质，部分也是历史传统使然。

欣欣向荣的荷兰在整个欧洲发挥着极大的影响力，特别是在英国。几乎整个 17 世纪，英国民众品位一直深受荷兰影响。这两个同样位于北欧、幅员狭小的海岸国家，既然共有一种海洋传统，又都信仰新教，两国建立强大的贸易与文化联系自是不足为奇。英国不仅自荷兰引进饮茶的习惯与滑冰运动，也输入了砖造与拉窗等荷兰建筑技术。或许更重要的是，荷兰建筑那种质朴无华、强调实用，以及规模小而隐秘性高的特性，容易获得北海彼岸英国民众的广大好感。其结果是，尽管英国公共建筑物倾向于采取巴黎式，住宅建筑则以荷兰式为主。[5]小型、砖造的英国乡村屋，别具一番朴实无华的魅力，就许多方面而言，它们是荷兰排屋的乡村版。

荷兰人对英国房屋的设计还有其他影响。当绝大多数欧洲国家随着法国起舞、采纳洛可可式装饰之际，英国人追循着另一种途径。当年英国人不喜欢洛可可式风格，认为这种风格过于轻浮（今天的英国人仍然如此），他们于是采纳一项比较静肃的建筑模式。这项模式主要以 16 世纪威尼斯大建筑家帕拉第奥影响世人的巨著《建筑四书》（*I quattro libri di architettura*）为基础，这本书早在 1620 年已由琼斯在英国发行。帕拉第奥在文艺复兴末期的设计所表现的宁静典雅之美，在英国绅士心目中引起共鸣。不仅如此，由于帕拉第奥专精于乡间别墅，他的构想也特别容易运用于乡村屋。一开始，帕拉第奥的设计风格只影响到房屋的设计，但在 1700 年以后，它演变为一种独特的英式建筑风格，并对英国人在整个 18 世纪的品位形成重大影响，甚至当正式性的室内装饰风格转向轻松活泼的调性之后，帕拉第奥风格的影响力依然强大。

乔治亚式家具反映了帕拉第奥式传统，这类家具经常为人称为"结构式"家具，它们的结构较单纯、较不重装饰。它的线条一般较倾向于直角而不是曲线。虽然设有扶手与带垫椅背的"法兰西"或"弯脚"椅当年颇为盛行，但典型的英国座椅却没有扶手、椅背，更不要说加垫的木质椅背了。它的椅背中心部分的纵长背板因装饰造型不同而有许多款式，例如弯背椅、梯背椅与盾背椅等。为保持设计的方正之形，英国的细工木匠发展出多项缝制填料的技术，使椅座保持平坦，不像法国座椅那样予人一种肿胀的感觉。[6] 这些技术也有助于制造较舒适的座椅。由于使用的填料较少，英国的工匠必须特别注意座椅尺码的搭配。像齐本德尔、赫普怀特这些名师，在他们的造型簿中都记有椅子高、宽与深度的确切尺寸。这种在当时极为流行的造型簿，搜集了从椅子到门把手，直到画框等各种室内家具的插图、解说，是现代自助手册的先驱。在它们的协助下，技术纯熟的工匠也能复制最时髦的大师们的最新构想。造型簿的盛行，不仅有助于破解家具设计之谜，并且也助长、加速了所谓"英国品位"家具的流行。

一家德国杂志在1786年告诉它的读者："英国家具几乎毫无例外，都很坚固而实用；法国家具则没有那么坚实，而且比较做作、夸张。"[7] 英国细工木匠使用从古巴的圣多明哥与巴哈马进口、材质极其坚硬的桃花心木。要处理桃花心木，必须使用高质量的钢质工具。用这种材质制成的桌椅，不仅极为坚固，而且也非常光滑、精致。桃花心木的使用也影响到英国家具的外观。因为这种材质固然适合雕琢，但它纹理细致、泛着深色光华的表面并不适合多加装饰。桃花心木家具只适合上假漆，不宜采用装饰法国家具时惯用的镀金或油漆办法。

绅士用家具造型簿中独缺温莎椅的设计，温莎椅于17世纪末叶由乡村匠人，而非都市的细工木匠研制成功。像摇椅在美国的情形一样，这种乡村风味浓厚的设计在经过不断演变之后大放异彩。在演变过程中，它的流行范围从乡村延伸到城市，人们于是在十足古典风格的座椅旁也能见到温莎椅。温莎椅是一种没有衬垫的纯木椅，一般由榉木制成。榉木材质轻而强韧，很适合制作温莎椅那种用细木条支撑、呈优美弧形的椅背与扶手。它以实木制作的椅座经过雕刻后，使人坐得安稳，不会前滑。温莎椅既不昂贵又切实际，比例匀称、形貌优美，它是英国舒适与常识的缩影。*

荷兰人将东方地毯引进欧洲，不过他们或将地毯挂在墙上作为壁饰，或作为桌饰铺在桌上，荷兰人一般不在家中有图案装饰的石质地面上铺东西。法国人的住宅与宫殿有设计精美的镶木地板，地板上也不铺东西。将地毯作为地上覆盖物而广为使用的是英国人，当然，这种使用方式也是制作地毯的东方人采用的方式。英国人将大张地毯铺在餐厅与客厅。这些地毯的位置就放在桌椅底下，这样的摆设方式于是产生了一种新构想：视面积大小定做覆盖整个地面的地毯。经济条件较差的家庭使用"地板布"，这是一种漆上颜色、状似地毯的帆布。无论是使用地毯或使用地板布，色彩的焦点都集中在地上，而不在一般不甚装饰的墙壁上；英国的壁纸通常较为素净。就温度

---

* 尽管直到今天，我们仍在制造许多 18 世纪座椅的复制品，但机器很难复制这些座椅当年以手工刻制的造型。此外，温莎椅则由于拥有制式化、车床加工的转轴，得以历经工业化的考验而依然如故，至今我们仍继续在英美等地制造、使用它们。

而言，铺有地毯的房间自然舒适得多，特别是当暖气设施还十分原始的年代，铺地毯的好处则更加显著。此外，铺了地毯的房间也较为安静。

英国与法国室内装饰之间另有一项重大差异。当齐本德尔发表他的家具设计指南时，他称之为《绅士与细工木匠的导师》(*The Gentleman and Cabinet-Maker's Director*)；而赫普怀特在他造型簿的前言中也说，他希望这本介绍设计的书能"有助于机械工匠，对绅士们也有帮助"。这两位细工木匠大师都理所当然地认为妇女对家具没有兴趣。当年情况确实正是如此，在英语国家，妇女参与室内装潢工作还是以后的事。在那以前，一般均视室内装饰为男人的事。我们很难判断这种情况对乔治亚式建筑的特性究竟有多大影响。这是否只是"男性阳刚"的乔治亚式与"女性阴柔"的洛可可式两者之间的相互较量？[8] 罗伯特·亚当的室内设计，就精致细腻程度而言不输任何洛可可式设计，而英式花园结构之精美，也绝对堪与任何洛可可式设计匹敌。尽管如此，一位英国历史学家仍然认为，相对于带有女性气质的法国家具，英国家具"富有男性雄壮之气与功能性格，设计目的在于发挥用途，而不是当成豪华饰品闲置"。[9] 无论就国家性与男性而言，这项说法都具有沙文主义意味。还有几位学者也持同样的论调，认为房屋的安排"是一项超乎女性心智能力的课题"，认为只有男性才能有好品位。[10] 英国人在装饰方面一般比法国人朴素，这是事实。但导致这种差异的，应该是英国人与荷兰人共有的某种布尔乔亚实用观，以及英国人承袭的帕拉第奥传统，与性别差异其实无关。

无论如何，到18世纪最后25年，男性对乔治亚式家饰的主控地位逐渐动摇。这种情况在客厅的发展过程中尤其明显。在17世纪，根据习俗，妇女在用完晚餐之后要进入"退离室"（withdrawing room），男士们则留在餐厅喝白兰地、抽雪茄、高谈阔论、纵情喧闹。在整个18世纪，尽管晚餐之后男女分开的传统仍然持续，但"退离室"已改称"客厅"（drawing room），而且这时的客厅已是一处较大、较重要的地方。它一般位于餐厅旁，但有时基于声音方面的考虑，也会在两厅之间隔一个接待室。两个厅的装饰需要表现两种特异的个性，餐厅要凸显男性气概，客厅则不必如此强调阳刚气息。[11] 之后，诚如皮特·桑顿所述，随着妇女影响力的不断增加，妇女直接控制下的客厅首先出现涉及舒适方面的重大改变。[12]

这时舒适性更加提升的家具，开始挑战并逐渐取代客厅那种纯结构的特性。桌椅长期摆在房间中央，不再紧靠墙壁安置。沙发从房间侧边拉了出来，与墙壁呈直角摆设；这是居家舒适性演进过程中的重要一刻。最后，矮桌——初次问世的咖啡桌——也置于沙发之前。再加上几把安乐椅，就成为当时典型的家具组合，它们通常摆在炉边以营造一个温暖舒适的角落。到18世纪结束之际，随着行为标准越来越不拘礼，许多这类改变开始出现在其他房间，图书室的情形尤其显著。图书

146

室原为男性专用的地方，现在已成家人聚会最喜欢的场所。插花与盆栽也成为装饰的一部分。伴随房间安排轻松化而来的，是服饰的越来越不拘谨。骑马时穿着的短外套与皮靴，取代了绅士们过去穿的长袍外套。单一色系的三件套西服不再流行，代之而兴的是博布鲁梅尔式（Beau Brummell）时装。男子不再戴假发；女士们的发饰不再矫饰做作，逐渐趋于自然。轻松与自在成为乔治亚式房屋居家生活的特性。

这些改变多是肇因于英国人对自然，以及自然率性的热衷，这种热衷于是造成英国对欧洲文化的第一项原创贡献：浪漫主义运动（Romantic Movement）。对于不规则与生动的兴趣，开始支配着房屋设计，当然，也开始成为花园设计的主流。新帕拉第奥式设计讲究的是严格的几何图形；根据这种设计，房屋左侧的每一间房都必须在右侧有同样一间房与之对称呼应。它往往不以功能性需求为依归，在划分安排方面也一直未能达到巴黎式府邸那种精致的水平。这种严厉的规范现在逐渐走入历史，代之而起的是较不拘泥于规则、较轻松自在的设计。这种视觉感知方面的转变，反映出公共品位的一种更广的转变；就像诗人拜伦的浪漫主义取代了塞缪尔·佩皮斯的枯燥的智能主义一样，不规则也取代了对称。

室内装潢的设计也受到了影响。房屋不再是挤成一堆的许多房间，它开始发展出长长的厢房。厢房出现以后，房屋必须有走廊以便于进出，而且也为个别房间带来较大的隐私。同

147

时，由于进出各房间不再需要经由大厅，大厅的规模开始缩减。由于房间的安排不再受限于几何图形，人们比较容易根据需求调整房间规模，将大小各不相同的房间结合在一处。客厅的大小过去一直与餐厅相仿，现在客厅开始占用较大的空间。设计尺度的放宽使一般人更易辟建新类型的房间。窗户的位置与大小可以视房间功能而做调整，不必像过去一样必须迁就墙面结构。直到洛可可时期，房间即使称不上艺术品，大家也一直将之视为工艺品。但经过这些变化以后，人们开始将房间视为人类活动的场所；它不再是一处美丽的空间（space），逐渐成为一个处所（place）。

室内装饰的"英国品位"无论怎么说都是值得重视的，不过它之所以重要，是因为它不局限于它的母国。就像法国人有关家的概念在洛可可时期领导欧洲思潮一样，英国人的室内设计也在欧陆各地备获赞誉。不过，英式室内设计的成功部分当然也得归功于拿破仑战争的结局。自19世纪展开以后，主控欧洲政治的不再是法国，而是英国。英国作为一个贸易国的声势扶摇直上（特别是对美国的贸易），这也促成英国理念的传播。中产阶级在美国成长的速度比英国还快，他们对乔治亚式家具比较实用的舒适性敞开了胸怀。细工木匠撰写的指南成为广受美国人欢迎的读物，"美式齐本德尔"家具由是极端盛行，它在美国流行的时间比齐本德尔流行于英国的时间还要长。美国的家具尽管为本地制作，但与乔治亚式家具几乎无从区分；

而本杰明·鲁道夫等美国工匠也因制作这种家具而成名。不过，比采纳一种特定风格更加重要的，是有关家庭的思考方式的同化作用，这种作用对日后美国的发展产生了决定性的影响力。

乔治亚式室内装潢有一项极其诱人之处。套用马里奥·普拉兹的说法，这项诱人之处就是，它反映出一种能将布尔乔亚的实用与幻想、通俗与精致融合的感知。[13] 这当然是后代英国人的看法，不过当时的英国人本身也曾明白表示如此意念。赫普怀特的造型簿在前言一开始就写道，在他心目中，"如何结合优雅与实用，如何融会效益与愉悦，一直是一个艰巨但光荣的任务"。[14] "优雅与实用"正是齐本德尔对于他的家具特性的评语。乔治亚式室内装饰之所以能够历久不衰，或许正因为具备这种强有力的结合：所谓"舒适"的概念，不仅应该包括视觉上的喜悦与肉体上的舒坦，还应包括实用。这是法国人对"物品"概念的进一步延伸；舒适不再是一种简单的想法，它已经成为一种理念。

"舒适"与"舒适的"这样的字眼经常出现在简·奥斯汀的小说中，出现之频繁令人惊异。有时她在使用这些字时，表示的是支持或协助的传统意蕴，但在更多情况下，她运用它们表达一种新的经验：一个人因享受周遭实际环境而产生的满足意识。她称芬妮的房间是一个"舒适窝"。在她的书中，我们不仅看到舒适的房间与舒适的马车，也看到舒适的餐饮、舒适的景致、舒适的情势；她似乎还有欲罢不能之势。对于她所描绘的那个布尔乔亚阶级温情世界，这些不起眼的新字眼是再贴切不过了。*在她最后一本小说《爱玛》（*Emma*）中，她用了"英国式舒适"一词而且未加详述，这使我们相信她的读者一定很清楚这个词代表的意义。她用它来描写的不是一栋房子，而是一幅乡村景致：一条石灰铺成的短短步道通向花园尾部的一堵石墙；石墙外是一片多草的陡坡，草坡上有几处农家建筑，边上则是一条蜿蜒的小河。她写道："这是一幅甜美的景象——看在眼里、念在心中都令人感觉甜美。英国式的葱绿、英国式的文化、英国式的舒适，这一切都呈现在明媚的阳光下，将抑郁一扫而空。"舒适的含义在于平淡与宁静。它类似"自然"，但就像英国式花园或英国式住宅一样，舒适在英国其实是精心设计后的产物。

---

*"舒适"（comfort）一词源出法文 confort，但在英国添增了它的现代、家庭生活的意义。18 世纪末，这个词又带着新增的意义从英国传回法国。[15]

第六章

光线与空气

LEDHOW HALL. LEEDS.

ATH·ROOM in BURMANTOFT FAIENCE.

插图说明：维多利亚式浴室（约于 1885 年）

我们现在必须考虑房屋所有的安排，而房屋的运作取决于各式各样的原动力，例如暖气与排烟、通风、灯光照明、冷热水供应、排水、传唤铃、传声管与升降设施等。房屋是否住起来舒适，在极大程度上取决于这些事物是否安排得宜。

——约翰 · 史蒂文森，《房屋建筑》

（*House Architecture*）

我们若将丢勒笔下那间朴素无华的工作室，与18世纪绅士的书房相比，就能发现两者之间差异之大！前者光秃秃的天花板、石墙以及木板地，已为后者精致的灰泥装饰图案、壁纸以及完全覆盖地面的地毯所取代。原来装在窗上的玻璃既小又模糊，现在的玻璃窗既大又明亮；而且为了便于通风，窗框还能轻易地拉上拉下。屋内家具的数量和种类也增加许多：书桌旁边摆着专供书写的椅子，有供阅读之用、扶手饰有衬垫的安乐椅，有谈话时使用的沙发，还有低矮的轻便小几。与两个世纪以前那种硬背座椅与直板凳相比，摆设在18世纪绅士书房中的这些家具，设计目的在于使房间主人感到轻松、自在。甚至出现了专为写字用的写字桌。书桌不再是用木板搭在脚架上、临时拼凑而成的家具，它是一个用桃花心木精工制成的箱形物，正面呈曲线，顺势滑向后方，露出看起来颇实用的抽屉与文件格。有抽屉的直立式橱柜取代了箱子，书本存放在设有玻璃门的高柜中。透过丢勒的眼光来看，家具的演化过程展现了一种陈设与装饰日趋繁复，同时也显著柔和化的整体效果。之所以造成这种效果，不仅因为房中摆着有套饰的家具，也因为壁上铺着花纹壁纸，桌上盖着厚实的桌布，窗帘分别束在窗户两边，以及地上铺着柔软的地毯。

本书从丢勒的时代谈起，一直探讨到现代，而18世纪末期约为这段过程的中心点。在家具演进的历史中我们总是只注意设计的演进而疏忽更重要的所有权问题。18世纪的成就，不仅仅在于造出舒适而优雅的家具，也扩大了家具使用者的层面。这种舒适出现在寻常人家，而不是王宫——这个事实一定令丢勒印象至深。一个人居然能够拥有几十本，甚至几百本书，以及居然有人会在家中辟一间房专供读书写字之用等事实，一定使丢勒震惊不已。

但从我们现代人的观点来回顾，发现仍有不少事物历久弥坚地被沿用下来，且数量之多令人瞠目。乔治亚式建筑的书房，仍然使用效益低下的开放式壁炉作为取暖设施；或者，如果位于欧陆，书房中使用的是早在丢勒那个时代已为人们惯用的瓷土炉。写字桌的优雅毋庸置疑，但一般人仍然使用翎毛笔蘸着墨水书写。在夜间，他们仍然借着烛光，吃力地阅读，就像丢勒在200年以前做的一样。一个人在写完信以后，如想洗净被墨水玷污的手，只能召仆人端水伺候，因为屋内没有水槽或水管。屋内也没有厕所，取而代之的是书房一角摆着的一个小橱，橱内有一把尿壶。

事实上，尽管18世纪的人在谈到他们的房子时，经常将"实用"与"便利"等字眼挂在嘴边，但在他们心目中，这些名词虽然代表功能性效益，也同样代表好品位与时髦。也就是说，他们可以像谈论"舒适的座椅"一样，轻松地谈论"舒适的景观"。在他们看来，舒适是一种一般化的安乐之感，并非一种可以研究，或可以量化的事物。这种态度根深蒂固，甚至直到简·奥斯汀去世 50 年以后，所谓"英国式舒适"的概念仍然深植他们心中。"在我们英国，会不会将一栋房子称为舒适的房子，是一种与英国习俗密切相关的事；由于两者间的关系实在太密切，我们敢说，除了在我们英国，换成在任何其他国家，都无法完全了解这种舒适。"[1]美国人大概很难同意这种说法，不过至少到 19 世纪 50 年代，在绝大多数人心中，所谓舒适最主要是一种文化（据他们说是英国文化）问题，实质意义的舒适仅居次要地位而已。

不过，家具的设计是一个例外。在经过相当程度的苦心经营以后，家具设计才达到实质舒适的目标。这是 18 世纪细工匠人的工作环境特殊所致。18 世纪的家具以及生产它们的工匠，似乎总是笼罩在一片神秘之中，使我们忘记一件事：设计与制造舒适的座椅与精巧的写字桌的那些工匠，其实不仅是艺术家，也是商人。尽管托马斯·谢拉顿只设计图纸，另雇他人制造他设计的家具，但大多数细工木匠，如赫普怀特等人，都拥有自己的工厂；齐本德尔不仅经营一家工厂，还拥有自己的商店。他们不仅依照客户的要求制作家具，也为系列生产做标准化设计。就这种意义而言，这些细工木匠的造型簿并非学术性作品，它们事实上甚至不能算是讨论造型的书，而是为潜在顾客提供的目录。由于这些家具针对的是一个大型市场，也由于市场竞争激烈（单在伦敦一地，细工木匠就有 200 多人），因此家具制造者必须设法创新。此外，这项创新过程也因纠合众力而碰撞出更多火花。齐本德尔的造型簿记述了 160 种设计，赫普怀特的则达 300 余种。若没有许多助手的协助，这些细工木匠不可能设计出这么多作品。一般也都相信，绝大多数以著名工匠名义推出的设计，其实是这些名师手下的高徒之作。赫普怀特的情况尤其如此：当"他"的造型簿出版时，赫普怀特已去世两年，他的工厂即便在他死后多年仍然继续运作着。齐本德尔的生意，也在他辞世多年后依旧进行着。

促使家具设计创新的推力在房屋建筑方面却使不上劲。18世纪的住宅在室内设计技术方面没有任何重大创新。有人认为，只要能拥有大批仆人做点蜡烛、生炉火、加热、倒水、清尿壶等工作，大家不会急着改善照明、取暖与卫生等设施。[2]不过，如果没有动机是缺乏创新的唯一理由，任何技术上的提升，都应该紧随仆人数目减少之后出现，但并无证据证明实情确实如此。更何况，并非所有室内设计技术的改善都与劳力的节省有关，例如暖气、通风或较佳的照明设施等等，属于质的改善，与仆人的数目扯不上关系。这类改善之所以姗姗来迟，必然另有理由。

在当时众人心目中，建筑不是一种业务，而是一门艺术；进行建筑设计的人不是熟工巧匠，而是绅士，他们通常是些没有受过训练的业余艺术爱好者。*房子每次只造一栋，同时由于建筑师并非承包商，也不能为建筑程序引进重大的创新。设计家具的细工木匠能控制从制造到营销等整个生产过程，但建筑师不然。他们基本上只是图纸绘制人，只负责将绘成的图纸交给其他人进行施工。其结果是，建筑师发展出一套理论知识，这套知识的基础不是建筑施工，而是一项对历史与先例的研究。无论属于哪一种情况，当年的建筑师主要关心的是建筑物的外貌而非它们的功能，直到今天情况依然未变。无论就其培训或就意向而言，建筑师都没有做好准备，无法使他们本身去接触管线和暖气装置等这类设施。他们也比较重视建筑物的外在、较不重视室内。**一旦房间的大小与造型决定了，有关室内装潢的细节安排一般留交屋主决定。根据当时的标准，要使一个房间得以妥善装潢，需要各式各样、看得人眼花缭乱的家具。面对如此情况，屋主在装饰房间时，越来越需要外界的帮忙。于是出现所谓装潢商来提供这种协助。

---

* 建筑教育直到 1850 年才在英国正规化，比法国晚了许多。在法国，路易十四早于 1671 年已建立皇家建筑学院（Academie Royale d'Architecture）；雅克－弗朗索瓦·布隆代尔，则于 18 世纪 30 年代在法国成立第一所建筑学院。法国的房屋设计之所以比较先进——浴室与盥洗室这类设施，早已出现于法国的设计中——应归功于正规建筑教育的可资运用。

** 这种现象至少部分应归咎于帕拉迪奥一派的理论。帕拉迪奥的书不记述有关室内装潢的信息，而他所设计的房间基本上仅具抽象意义，目的是营造外观效果，而非内在的便利。法国人无论对室内设计还是对室内装潢都重视得多，只不过重视程度在洛可可风格式微以后已不若往昔。

在一开始，装潢商提供的协助仅限于织物以及家具套饰；但装潢商是商人，一旦发现商机，自然将服务范围扩大，将确保室内家饰的协调完全包括在业务项目内。根据英国在1747年的一项商务文件，装潢商"是房屋中每一件事物的行家。他依照自己的行事计划联系、雇用各种工匠，其中包括细工木匠、玻璃打磨工、镜框匠、座椅雕刻工、床盖与床柱工匠、羊毛布商、绸缎商、麻布商等，以及属于其他机工范畴的各类工艺人员"。[3] 装潢商既非艺术家也不是工匠，他是将相关行业组织起来以满足屋主对专业建议需求的商人。等到建筑师发现他们已经丧失室内装潢主控权时，为时已迟。装潢商，即日后所谓的室内设计师，逐渐在舒适的居家设计领域中取得主导地位。

室内设计有关科技的部分，于是落在建筑师与装潢商两者之间的空白地带。装潢商可以决定房间的面貌，甚至在若干程度上决定房间的应用方式；但装潢商对便利与舒适的考量，不会且也涵盖不到任何作为房屋本身结构一部分的机械系统。此外，建筑师虽然理应在房屋设计方面提出创意，但他们仍然自视为艺术家而非技术人员，遇到改善室内设备的问题时，他们满足于以传统智慧来解决。这种工作划分终于妨碍到室内设计中有关科技方面的进展，使之迟迟无法实现。

直到18世纪末期，室内科技才开始发展，而且这项发展仍然处于一种既缓慢又无法协调的状态。英国发明家约瑟夫·布拉玛是一位热衷于机械的细工木匠，曾有许多与家具无关的发明。他的第一项发明，是于 1778 年申请专利的布拉玛活门马桶（Bramah Valve Closet），它附有一个水动封闭活门，可以防止污水池的异味进入房间。尽管这不是第一个抽水马桶——首先发明抽水马桶的人是哈林顿爵士（1596 年）——但它是第一个商业化的抽水马桶。不过布拉玛活门马桶卖得并不很好，抽水马桶又过了许多年才开始普及；直到 40 年以后，大家仍将它视为一种"新奇玩意儿"。[4] 虽然据布拉玛自己的说法，这种活门马桶在上市头 10 年共售出 6000 余个，但这项业绩仍不足以支撑整个业务；于是布拉玛将注意力投向其他事物，又发明许多新奇物品。他的发明数量惊人，包括可以印制编号的印钞机、汲取啤酒的吸连装置、水力印刷机，以及有关制纸机的各项改善。在他有生之年，使他享有盛名的不是活门马桶，而是无懈可击的布拉玛锁，直到 50 余年以后，拆开这种锁的办法才终于被找出。

抽水马桶之所以未能普及，倒不是因为不重视管线问题。马克·吉罗德曾说："到 1730 年……就理论而言，只要屋主认为有必要而且负担得起，任何乡村屋都可以在每一层楼拥有自来水，而且想要建几间浴室、设几个抽水马桶都没有问题。但在其后 50 年间，相对来说，这种科技甚少为人利用。"[5] 少数几栋乡村屋确实有输水管的装置，通常利用设于屋顶下方的雨水贮水池供水，不过这并不表示这些乡村屋设有浴室。据吉罗德指出，富有人家之所以迟迟不愿接纳水管这类新科技，主要因为他们根深蒂固的保守，也因为他们自以为是的心态。甚至直到 20 世纪初期，还有一些英国贵族宁愿要仆人将澡盆端进他们的卧室，摆在壁炉前供他们洗浴，也不愿建浴室；因为在他们眼中，与他人共享一间浴室的做法既粗俗，又令人受不了。[6]

至于布尔乔亚，他们的住处欠缺室内水管的理由就单纯得多：直到 19 世纪中叶，绝大多数人无缘取用中央供水；他们只能用手从井里打水，或用设在厨房的水泵抽水。由于缺乏加压水源，且不具备管线设施，住宅无法设置浴室，至于"布拉玛式"（马桶）就更不用提了。为求卫生，他们依靠一种较古老的设备：尿壶。赫普怀特在他 1794 年版的造型簿中绘有几款"壶橱"与"夜几"，所谓夜几是一种小柜，打开柜门就出现一个内置容器的椅座。[7] 他还描绘了一种瓶座与瓶子的组合，并且建议在餐厅餐具橱两边各摆设一组。[8] 瓶子设有瓶塞，里面装着冰水，但下面的瓶座其实是装夜壶的小柜。在用完餐，女士们离席之后，打开小柜，里面的夜壶可供男士方便使用。这种习俗之后极为盛行，后来当抽水马桶问世时，餐厅旁总免不了要设一个抽水马桶供男士使用，原因即在于此。

科技在住宅的应用迟迟无法取得进展的其中一个原因，是没有强烈的需求。装潢商注意的是时尚，建筑师关心的是美学，这类先入为主的观念于是束缚了他们有关舒适与便利的构想，至于屋主，也只有接受他们的建议。不过，这并不表示科技就此停滞。第一次大规模装置煤气灯的行动，于1806年在一家棉花厂内展开；在一开始，这种照明形式仅使用于工厂与公共建筑物。根据记录，最早的人造通风设施是汉弗来·戴维爵士于1811年在英国国会的一间书房内建造的，但戴维是化学家，不是建筑师。这类居家环境的改善，大多来自思想开明的企业人士，或来自具有社会意识的改革者；直到19世纪20年代，救济院或监狱比富裕之家更有可能装设有中央暖气系统。

同样的，壁炉与炉灶第一次出现重大改革的地点不是住宅，而是一所救济院的厨房；而且进行这项改革的人，同样既非建筑师，也不是建筑商。这个人是出生于美国的朗福德伯爵，即本杰明·汤普森爵士。朗福德是军人，是外交官，也是园艺家，慕尼黑著名的英国花园（Englischer Garten）就是他的杰作。他因为曾替英王乔治三世效力而获爵士，伯爵头衔则为神圣罗马帝国皇帝所赐。就像富兰克林与杰斐逊一样，他也是一位自学有所成的发明家，此外，这位漫游四方、见多识广之士还是一位科学家。他的兴趣广泛，其中包括热能物理。由于注重实践，他曾设计改良烹调与加热的方法。朗福德曾在巴伐利亚生活11年，任过作战部长等职，在这段时间建了几所军医院，并在院中装置自己设计的炉灶。以当年那种不讲究专业的方式而言，他还算得上一位社会改革家，一位慈善食堂的创造者。在他的慈善食堂中，他还使用了间接加热的烤炉。

在一次伦敦之行期间，朗福德建议对壁炉设计进行一系列改革，以解决壁炉容易冒烟的毛病。他提出的改革之道包括：缩小烟囱的排气管道；大幅度减小壁炉的开口；把外壁砌成斜角，以辐射较多热量进入房间。如此改革的成果，不仅烟雾较少，而且加热取暖的效果也见提升。这时已是 1795 年，社会大众似已较能接受新科技；此外，由于改良措施既不复杂也不昂贵，可由屋主本人动手完成而不需建筑师或装潢商的协助，改良型壁炉于是逐渐流行。*朗福德之所以在科技史上享有重要地位，主要因为他率先将科学推理应用于家庭生活层面。不过他的建议未能完全解决壁炉排烟的问题，这一点从整个 19 世纪期间一连串的研究改善活动中即能得知。在 1815 年至 1852 年间申请的 169 项有关炉灶与壁炉的英国专利中，几近三分之一的设计目的在于防范或减少烟尘。C. J. 理查森在 1860 年发表的一本有关房屋设计的书中，以整章篇幅讨论"通气管的构建与烟尘的防范"，并且他指出："如何建造通气管，以及如何去除它的一些严重缺失，仍有待解决。"[9] 他还发表过一本小册子，名为《可恶的烟以及它的防治之道》（*The Smoke Nuisance and Its Remedy*）。甚至直到 20 年以后，有关房屋构筑的书仍不断提出各种办法，以改善"烟囱浓烟弥漫的恼

---

* 简·奥斯汀在《诺桑觉寺》（*Northanger Abbey*）一书中曾描述一个"朗福德式"壁炉，而这本书的写成距离朗福德在皇家协会提出改良壁炉的意见，仅有 3 年之隔。

人问题"。[10]

19世纪所有有关房屋设计的书，必定至少以一章的篇幅讨论通风以及"坏空气之弊"，否则算不得完备。乍看之下，这似乎主要是一个如何将烟尘排出屋外的问题。但细加探讨，就不难发现这问题其实复杂得多，因为在维多利亚时代，一般人关切的不仅是通风，更是空气新鲜的问题。

首先，我们知道当年屋内无疑充斥着我们今天所谓的室内污染——壁炉烟雾弥漫、开放式烹饪的炉火毫无遮拦，以及住在屋内的人不洁不净。我们不知道当年房屋的通风状况是否必然比前一个世纪的状况更糟（我们没有理由认为如此），不过有足够证据显示，在维多利亚时代，人对气味的敏感度大幅提高。举例说，当时的人对烹调的油烟味极为恐惧，因此他们总是尽可能把厨房设在距离房屋主建筑物最远的地方；在若干维多利亚式的大型乡村屋中，厨房竟然距餐厅50多米！烟草味在当年同样也令人皱眉。在18世纪前50年几乎完全戒绝烟草，后来当雪茄开始流行时，在室内抽雪茄还是犯禁的。维多利亚女王禁止任何人在她的屋内抽烟，许多人于是效法她。有些乡村屋的主人在遇到坚持要抽烟的客人时，还会使坏地将客人引到厨房，而且在仆人离去之后才能抽。[11]峭壁山庄（Cragside）是阿姆斯特朗爵士设在英国诺森伯兰的府邸，访客在这里如果想抽烟就必须走到室外，倒不是因为主人不抽烟，他也经常随客人一起来到屋外吞云吐雾，而是因为当时烟草味被视为一种冒犯。[12] 当抽烟习惯越来越普遍以后才为此特辟一间吸烟室。

不过，通风问题所涉及的，不仅是将令人不快的气味排出而已。19 世纪以一种特有的、科学的方式处理通风的问题。自 18 世纪以来，普遍已经知道空气由氧、氮与二氧化碳（当时称为碳酸）组成。实际经验显示，一间挤满人的房间最后一定会因通风不良而令人不适。实验证明，随着呼吸会不断产生二氧化碳；科学家因而认为，房间内二氧化碳含量的增加是使人不适的主因。也因此，依照当时的看法，这个问题的解决之道很简单：只要排出屋内混浊的空气，注入新鲜空气，从而降低二氧化碳含量就可以了。尽管这种解决之道就逻辑上而言可以成立，但我们现在已发现其错误所在。人的舒适与否不仅仅取决于二氧化碳的含量多寡。温度、水蒸气含量、空气流动、离子化、灰尘，以及气味等因素，即使不比二氧化碳更重要，至少也与它同样重要。如果室内空气太热或太冷、太潮湿或太干燥、过于憋闷、尘埃太多或气味过重，即使空气中二氧化碳含量比较低，也照样令人不快。

直到 20 世纪初期，大家才逐渐开始了解影响舒适的因素其实极为复杂；在那以前，通风在一般人眼中唯一的目的就是冲淡二氧化碳。他们强调通风，并将二氧化碳的影响夸大。我们认为，室内二氧化碳含量即使高达室外含量的 2.5 倍，对人

164

体仍然无害。但在整个 19 世纪，一般人坚信室内二氧化碳的含量不能超过室外含量的 1.5 倍，否则有害。部分由于这种过高的需求，部分由于科学家与工程人员低估了透过裂缝、漏风的窗与开启的门而渗入屋内的空气量，部分也由于烹调、取暖与照明等行为确实造成油烟与气味，工程人员与科学家皆认定必须在屋内注入极大量的新鲜空气。英国工程师道格拉斯·高尔顿，在 1880 年首次发行的有关"居住健康"的一本书中指出，一个房间必须每分钟为屋内每个人提供约 1.35 立方米的新鲜空气，这个房间的通风情况才算恰当。[13] 英国物理学家 W. H. 科菲尔德曾引用同样的数据。[14] 在当年一本美国的刊物中，陆军军医比林斯也曾提到室内每人每分钟需要 1.62 立方米新鲜空气。[15] 若将这些数字与今天的标准相比，即不难得知当年对新鲜空气要求的夸大。根据今天的通风标准，每人每分钟只需 0.1 到 0.4 立方米的新鲜空气；而且若视湿度、温度与其他因素的控制情况来看，这个数字甚至也可能过于夸大。

当时的人之所以对所谓"污秽的空气"如此戒惧谨慎，也缘于另一项科学理论。19 世纪的都市化以及过度的拥挤带来了许多传染病。也就在这段时间，科学与基本医药研究开始有所进展。这些医药研究的目的在于寻求病因，以及治疗之道。当时误以为许多疾病，包括疟疾、霍乱、痢疾、腹泻与伤寒等，都是空气中一些物质与不洁之物造成的。这种所谓瘴气理论，不仅将新鲜空气的多少视为舒适与否的问题，还将它视为攸关生死的大事。此外，也由于当年主张通风的人士，就像今天反对食物添加剂与倡导饮水加氟的人士一样，不遗余力地鼓吹通风，民众对通风问题的重视遂不断提升。

一本有关房屋设计的书如此写道："只要住在屋内的人穿得暖，吃得饱，新鲜空气尽管冷，还是越多越好。"[16] 我们在老照片中见到的那些维多利亚时代的人物，似乎总是束裹着层层衣物，臃肿而不自然地僵立在填满家具、被深色帐帷压得令人无法喘息的房间中；但让人称奇的是，他们同时也是酷爱户外生活的人士。无论怎么说，骑自行车、进行各项运动、做体操，以及海边度假等等，都是因他们的热衷而流行的。他们与乔治亚时代的人不同；在乔治亚时代，人为享受自然而走向户外，而维多利亚时代的人为健康——包括道德上与身体上的健康而运动。他们似乎真正享受户外生活那种神清气爽的感觉，甚至在家里，他们也不忘追求这种感觉。英国人对此一直坚持不懈，这令到访英国的美国人颇为惊异。不过或许"享受"这个词用得并不恰当，因为英国人对户外运动的这种热爱存有一种半强迫的意味。这种半强迫性也表现于19世纪另一习俗中。在19世纪后50年间，洗浴再次盛行，躺浴、坐浴、擦浴等各类洗浴方式都蔚为时尚。不过，维多利亚时代的洗浴与舒适是两回事。当时建议使用的水温（对体格不强健的人而言）为微温，最好是用冷水洗浴。顾客在购置新的洗浴装备时，店家会提出警告说："沐浴装备流出来的水几近于冰水，用它洗浴的人会感到仿佛遭到烧得炽热的铅水洒在身上一样；这种震撼极强，如果洗浴时间过长，洗浴的人容易窒息。"[17]

除了科学与医药以外，时尚也在通气装置的流行中扮演着某种角色。美国华盛顿国会大厦或伦敦的国会大厦等这类公共建筑，为供应新鲜空气而设有机械驱动的通风装置；许多工厂也因人多拥挤，工人必须在炽热的机器旁挥汗工作而设有通风装置，这些其实都不难理解。但中产阶级的那些大房子不仅屋顶挑高，而且居住人数少，竟也装备了如此全面的通风设施就令人费解了。固然19世纪的城市深受拥挤与污染之患，但这些情况影响不到富裕人家的乡村屋，而许多乡村屋仍然建有周密的通风排气系统。这些系统的功能究竟是什么呢？是否正如同架设在瑞士滑雪小屋上，用以"节省能源"的太阳能板，或者如同一款昂贵的德国房车使用的"经济型"柴油引擎一样，这些通风设备的目的并非实用，而只是在表示屋主们的前瞻性与时髦？

时尚、科学与医药都是引起这股通风热潮的因素。怎样都称不上特别密闭的房屋，也因这股热潮而装上排气管与通风孔。此外，由于取暖设施设计不佳，室内温度往往燥热难当；在这种情况下若不能同时降低室内气温，很难提供科学理论所要求的巨量新鲜空气。根据文献的记录，有些迷信通风的工程师在整栋房屋各处架满通风管，后来却发现屋主们因不堪冷风灌顶之苦而将这些管子都堵上了。[18] 有一位名叫托宾的发明家，设计出一种 1.5 米高的通风管系统，可以在约与天花板齐平的高度供应新鲜空气。这项设计似乎效果不错，不过，当屋主将它们作为台座使用，在系统的风口处摆设盆景或装饰用的瓶、瓮时，情况又另当别论了。[19]

　　强调通风还带来另一项负面效果。它延长了使用壁炉的习惯，全面阻碍了炉灶与中央炉这类较有效装置的引进。建筑师约翰·史蒂文森是一位讲求常识的苏格兰人，他承认壁炉既不科学、浪费、肮脏，又没有效率，但他仍然认为壁炉是"最佳的系统"，因为它是"一种效力还说得过去的通风方式"。[20] 他批判散热式的炉灶与中央暖气系统会使房间出现憋闷、令人不适的现象，他甚至将暖气取暖的效果与撒哈拉沙漠那种暑气逼人的情况相比。当时英国民众对壁炉温暖的炉床情有独钟，对任何其他形式的取暖装置都执意抗拒；史蒂文森似乎正是为这种执着而辩解。在铸铁炉灶与中央暖气系统比较普及的美国，也有许多人认为这类系统有害人体健康。安德鲁·杰克逊·唐宁在 1850 年发表了颇具影响力的作品《乡村屋的建筑》(*The Architecture of Country Houses*)，他在书中严词警告说："我们知道我国人民最信赖的，除炉灶——各式各样的炉灶——之外已寥寥无几，但我们仍然要大声而不断地提出抗议。封闭式的炉灶是我们不能苟同的，因为它们剥夺了我们一切炉边的乐趣；而且它们也不经济，虽然能节省燃料，但我们看病求医的费用却增加了。"[21] 在《家居生活经济论》(*A*

168

Treatise on Domestic Economy）一书中，凯瑟琳·比彻的说法就没有那么斩钉截铁了，她只是建议在使用炉灶时应有妥善的通风、保湿装置。[22]

通风问题引起的重视对室内舒适产生了重大影响。尽管道格拉斯·高尔顿与比林斯对新鲜空气实际需求量的估算有误，这项错误也很快为人察觉，但他们确实指明了一个重要问题。他们的研究让大家认识到一点：家居生活的舒适是可以研究、量度与解释的。注重通风还带来另一种影响。要更新如此巨量的空气，仅凭打开窗户是办不到的；特别是在冬天，尤其难以办到。为使空气流通，必须极尽巧思地设计各式各样导管、管线，还需以各种过滤设备保持其洁净。这些早期科技，不仅对日后大型建筑物的通风与空调作业产生相当的助益，也凸显一项事实：房间的舒适是可以借助机械达成的。通过一种奇怪的思维模式，维多利亚时代的工程师歪打正着地找到了正确答案。

18 世纪环境科技发展迟缓的另一个原因是整体科技知识成长缓慢。最能凸显这种情形的，莫过于室内照明。腓尼基人在公元 400 年之前已发明蜡烛，虽然中世纪也使用火炬与油灯，但没有人能发明比蜡烛更好的照明工具，甚至连达·芬奇也办不到——他曾设法改进油灯，结果未能成功。蜡烛仍为人工光线的唯一来源。我们喜欢在烛光下享用富有浪漫情趣的晚餐，但如果日常照明都必须仰赖蜡烛，问题就恼人了。蜡烛发出的光闪烁不定、无法控制，不适合借以阅读或书写。一百支蜡烛发出的光，强度尚不及一个普通的电灯泡。即使要在庞大的客厅享有微弱的照明也需要数十支蜡烛，此外还必须有相当的人力来点燃、熄灭与更换这些蜡烛。在18世纪，蜡烛由牛、羊的脂肪制成（蜂蜡为有钱人的专利），而动物脂肪的燃烧不仅刺激眼睛，也会产生令人不快的气味。

由于在1400多年中，蜡烛一直是唯一的照明形式，当时将微弱的人工照明视为理所当然也就不足为奇了。所有这一切，都因日内瓦科学家阿尔甘于1783年发明新型油灯而改变。所谓阿尔甘油灯包括置于圆筒状玻璃斗内的一个网状灯芯，这个玻璃斗可以控制流向火焰的气流，从而避免灯光闪烁不定，在改善灯光质量的同时，也增强了亮度。在夜间，只要在一张小桌中央摆一盏这种灯，就能舒适地围在桌边打牌，或进行类似社交活动。书房与客厅摆上它以后，在夜晚也能读书、写字与缝纫。社会大众很快发现了它的好处，其造价低廉，大量生产阿尔甘灯的市场于是不断扩大。随着它的灯光既明亮又稳定的口碑越打越响，对阿尔甘灯的种种改良也迅速出现。这些改良型灯的基本设计各不相同。法国人设计的无影灯（Astral lamp）在灯罩下装上一个环型贮油槽，特别适用于圆桌的照明。1800年，伯纳德·卡塞尔加装了一个发条抽油装置，使油从底部的油槽输往灯芯，这种做法同时也使灯光更加稳定。

阿尔甘类型的油灯，由于所使用的燃油质量不佳而无法充分发挥效率。随着消费者对于灯的质量要求越来越高，业界也加紧努力，以研发较洁净、较能发光的燃油。在美国境内，鲸油的使用开始普遍；在欧洲，一般人使用一种用芜菁籽提炼成的菜油，或以一种用松脂炼成的樟脑油作为燃油。1858 年，加拿大医生，也是业余地质学者的亚伯拉罕·格斯纳研发出从沥青岩中提炼燃油的方法，并取得专利。这种燃油不仅纯净，也比鲸油便宜，格斯纳为它取名为煤油。

格斯纳的成就因另一项更加重要的发现而相形见绌，这项发现就是 1859 年发现的石油。石油经过精炼程序亦可生产煤油，如此制成的煤油是点灯用燃油的极品，人工照明的发展也因它的出现而加速；反之，点灯用煤油的需求量也成为新兴石油工业的最大支柱。* 虽然煤油灯比其他任何类型油灯都更明亮，但仍然需要经常清理与加油并不断修剪灯芯。由于放光原理只是单纯的燃烧，煤油灯会释放大量的热与油烟；此外，这种灯必须烧掉许多燃料才能放出少许的光。由于灯油来自许多小规模的制造厂商，所谓产品标准与质量管制付之阙如，各个煤油产品的挥发度相异甚巨。使用者永远无法知道一盏煤油灯是发出闪烁的灯光，还是引发熊熊的大火；在 1880 年的纽

---

* 有趣的是，汽油是利用原油制造煤油过程中产生的一种副产品，而且不是一种立即可用的产品。直到 20 世纪初期，一般人对汽油的需求仍微不足道。

约，100 余起房屋火警的罪魁祸首都是煤油灯。[23]

代煤油灯而兴的主要产品是煤气灯。煤气街灯先后出现于伦敦（1807）、巴尔的摩（1816）、巴黎（1819）与柏林（1826），但家用煤气灯直到 19 世纪 40 年代才开始出现于欧洲，美国境内则直到南北战争以后，才有人将它作家庭照明之用。一开始，在屋内使用煤气灯的构想遭到社会大众相当的抗拒，因为大家认为煤气灯不安全，而且煤气纯度不够，不能放出明亮的光。更何况早期的煤气灯还有许多问题待解决。不完全燃烧的煤气会产生一种异味，使人闻之昏昏欲睡；使用煤气灯照明的房间必须特别强调通风，否则很快就会令人感到不适。司各特于 1823 年在他新建的乡村屋中装置煤气灯，不过此举显然不很成功。14 年以后，为他立传的作者在写到这项使用煤气灯的实验时，仍有以下感叹："煤气灯的火焰、光晕，以及不时发出的异味，遍及私宅的每个角落，令大多数人烦恼不已。"[24] 据说，煤气灯发出的"毒烟"能使金属失去光泽，使植物凋萎，使色彩不再鲜艳。[25] 有人取笑说，使用煤气灯照明的最佳之道，就是把灯架在窗户外面。[26] 事实上，英国国会下议院的照明采用的正是这种办法：他们将煤气灯装在一块悬着的玻璃顶后方，以便烟气可以直接排往室外。

如前文所述，一开始大家只在公共建筑、工厂与商店中广泛使用煤气灯。造成这种现象的部分原因是：空间较大，煤气灯产生的气味与热也较易散发。工厂与商店主人采用煤气灯

172

还另有经济考量：由于美国爆发的战事与拿破仑战争，鲸油与俄罗斯牛油价格高昂，而煤油则供货充裕、价格低廉。最后，在使用越来越普遍的情况下，煤气灯开始进入室内；只不过有很长一段时间，大家仅在通道与工具间使用它，公共房间的照明仍依靠油灯或蜡烛。在较富有的人家，蜡烛通常是主要照明用具，因为富裕之家的仆役充足，而且用蜂蜡制作的蜡烛既能发出悦人的光，又无异味。在 19 世纪 50 年代，白金汉宫仍然使用数以百计的蜡烛照明，这是一笔极大的开支，崇尚节约的阿尔伯特亲王曾不遗余力地设法降低这项开支。[27]

燃气装置的发明使煤气得以较完全地燃烧，再加上煤气净化新科技的问世，煤气灯终于能够提供更佳的照明，并且还能免除，至少减轻旧有的副作用。燃烧的煤气仍然产生油烟，不仅熏黑了天花板，也使帘帷与家具套饰遭受污染。春季大扫除于是应运而生。每逢这项扫除，大家将所有肮脏的织品与家具搬到室外，进行消毒、通风，天花板也要加以清洗或重新油漆。[28] 尽管如此，由于社会大众对较佳照明工具的需求太大，在 1840 年以后，虽然油烟与气味等问题依旧，但煤气灯仍迅速普及。*

一位历史学家曾说，煤气灯造成"人类生活的一项大革

---

* 1887 年出现的韦尔斯巴赫灯罩 (Welsbach mantle)，解决了煤气灯油烟的问题，此外它还能放出更明亮、悦人的光。不过，当这项发明问世时，煤气灯已经为电灯取代。

命"，[29] 这个说法十分贴切。居家生活的隐私，或者座椅的舒适，都是长时间逐步演变的结果，而且这些改变的本身规模也小，有时除了后见之明以外，几乎无法察觉。相对而言，室内照明的改进要迅速得多。烛光太弱，绝大多数室内工作在烛光下无法进行；油灯能照明一张桌子或一个写字台；而煤气灯则能照亮整间屋子。照明层面呈现的量的变化极巨。一盏煤气灯的亮度相当于 10 余支蜡烛。据估计，在 1855 年至 1895 年间，费城每户人家平均使用的照明量（以烛光计算）提升了 20 倍。[30] 不仅室内明亮度的增加使人更为舒适，而且照明的进步使人得以在夜间阅读，民众读书识字的程度于是大幅提升。较明亮的房间也提高了清洁意识，包括个人卫生与室内清洁。

煤气灯是科技发展的产物，这项发展获得了企业人士的资助，主要目标是尽可能将这种产品推销给最多的人。换言之，煤气灯是第一项成功的室内消费者装置。正因为发展煤气灯需要在煤气厂，以及埋设在城市街道地下的煤气管网络投入巨资，所以它也需要许多用户；就本身性质而言，它就是一项大众商品。这也是煤气灯散播速度较缓的一个原因：在绝大多数人愿意使用煤气以前，它的价格过于昂贵，非一般人所能负担。但一旦大家都愿意使用，它的价格即大幅下跌：到 1870 年，英国的煤气费仅为 40 年前费用的五分之一，仅为油灯燃油费的约四分之一。

尽管煤气费用已经大幅降低至中产阶级已能负担的程度，

但对其他百姓而言，它的价位仍然过高。直到 19 世纪初期，绝大多数劳工家庭甚至连牛油蜡烛都负担不起，他们的家还如中世纪时期那般黑暗。不过即使在这些劳苦大众之间，科技的平民化特性仍缓缓浮现。到 19 世纪 80 年代，绝大多数家庭至少能拥有一盏油灯或一盏煤油灯，可以视需要移动，以供整栋房屋照明之需。[31]1890 年，英国的煤气公司为扩展客户群，也因为遭到电气这项新科技的竞争，开始为工人阶级安装投币式煤气表，终于使大多数都市人口都有能力享用这种室内新科技。[32]

民众终于接受了煤气灯，对这种人工照明科技带来的便利与舒适赞许有加，不过他们仍然无意将煤气运用于照明之外的其他领域。利用煤气烹调的好处则没有那么明显，虽然煤气炉与煤气烤箱早在 19 世纪 20 年代已经上市，但它们未能普及。在之后 60 年间，煤气公司尽管使尽浑身解数，大多数家庭仍然使用煤炭或木材进行烹调。即使后来当煤气炉广为人用时，它们仍然设计得像自立式炭炉一样（通常是采取煤气与煤炭两用模式）。如吉迪恩所说，这种情势严重阻碍了综合式厨房料理台的发展。[33]

煤气是一项都市科技，而且由于使用煤气的人大多属于中产阶级，它也可说是第一项布尔乔亚专有的科技。这项发展导致一种古怪的情势：上流社会的屋主们，将煤气灯（或浴室）这类新科技造就的便利视为鄙陋，并将这些机械装置带来

175

的舒适视为暴发户的享乐，至少在英国如此。*英国的上流社会不认为它们是一种"豪华"，而有意蔑视之。美国境内则没有这种敌视情况，我们从室内照片中可以见到，煤气灯不仅出现在中产之家质朴无华的厅堂与厨房内，也出现在富裕人家富丽堂皇的客厅中。

---

* 索斯比庄园（Thoresby Hall）是 1875 年完成的一栋巨型乡村豪宅，里面完全使用油灯照明，没有一盏煤气灯。而且据至少一位历史学家说，那里似乎一间浴室也没有。

第七章

效率

插图说明：电气用品（约于 1900 年）

所谓住得舒适，存在于脑子的远胜于存于背部的。

——艾伦·理查兹，《庇护所的成本》

（*The Cost of Shelter*）

煤气灯以及通风装置这类科技尽管有许多缺失，但它们的问世象征着家庭理性化，以及更重要的，即家庭机械化的开端。煤气灯与通风管这类室内科技，代表对家庭的入侵；入侵者不单只有新型装置，也包括另一种不同感知，即工程师与商人的感知。绝大多数建筑师对于这种入侵都有意视若无睹，尽管他们的客户并非如此。建筑师罗伯特·克尔在他那本极具影响力的《绅士之屋》（*The Gentleman's House*，1871）中认为，没有必要讨论煤气灯照明；他仅在书中简要指出"建筑师的职责顶多是配合煤气工程人员的需要而提供协助罢了"。[1]3年以后，虽然煤气照明科技已经盛行，卡尔弗特·沃克斯在他于美国发表的一本类似作品《别墅与小屋》（*Villas and Cottages*）中，仍然对人工照明只字不提。

通风科技对房屋结构的影响甚至尤胜于煤气照明。新式建筑物利用电扇来促进室内空气的流通。虽然有些公共建筑物使用蒸汽驱动的风扇，但蒸汽扇成本过高，也过于复杂，不适合一般家庭使用。一般住宅的空气流通必须依赖重力。为使空气流通，住宅必须有非常大的空气导管；也就是说，为装设这些导管，并为其他通风设施预留空间，房屋必须经过特殊设计。如果建筑师无意处理这个问题，自有其他人愿意挺身而出。1872年，住在利物浦的医生约翰·海沃德为自己建了一栋房屋，以示范他适当通风的理念。[2]这栋房子是难得一见的极佳典范，证明除非将这种新式环境科技与建筑设计整合在一起，否则这种新科技的功效无法充分发挥。这栋房屋使用的都是所谓的李克特球灯（Ricket's globe）的煤气灯，这种灯的灯焰包在一个玻璃球中，而且产生的油烟也绝对进不了房间。房间的窗户不能开启；新鲜空气从地下室注入，经过火炉加热，通过设在每一层楼的中央大厅，再通过檐口流入房间。每一盏煤气灯上方都有一个通向导管的排气格栅。排出的废气集中导入阁楼的"浊气室"；室内设有一条井状通气口直达厨房的炉灶，再由炉灶将浊气往下牵引，最后经由烟囱排出。不仅各间主室，就连厨房、化妆室、浴室，以及厕所也都以这种方式通风。

亨利·拉顿是一位加拿大工程师，曾为加拿大与美国的铁路车厢设计通风系统。他在1860年出版的一本书中，详细说明了如何能将他的许多构想（例如双层玻璃窗）运用于房屋建筑。拉顿对建筑业者表示极度不满："在这光明之火将整个世界照耀得如此明亮的19世纪，唯有建筑业埋身于岁月的尘埃中一动不动。就我所知，建筑业者在人类记忆所及的范围内，还没有提过任何一个新构想。"[3]

绝大多数建筑师对新科技兴致的缺乏，是家居舒适革命过程中的一个分水岭。若论及将环境系统融入设计中的成就，没有一位建筑师能与海沃德相提并论，即使是史蒂文森也不例外。史蒂文森较其他大多数建筑师更了解因应新科技的必要性，并且他在《房屋建筑》（*House Architecture*）一书第二册中，以四分之一的篇幅讨论了室内环境系统。但即使是他也对建筑技术中机械化程度不断增加的现象感到不安，他也因而曾经警告说："室内的机械有泛滥之虞。"[4]建筑技术与新室内科技于是分道扬镳。而促成建筑物引进新科技的似乎主要是客户的兴趣而不是建筑师的关注。当身为实业家与武器制造商的阿姆斯特朗爵士于1880年建造峭壁山庄时，不单在山庄中安装了史上第一个电气照明装置（他是碳丝灯发明人约瑟夫·斯万的友人与邻居），还安装了房间对讲电话、中央暖气与两部水动的升降机。他雇用的建筑师是著名的诺曼·肖，这位建筑师在日后设计的房屋中，没有重复这些引进新科技的实验。

直到18世纪，一般人一直将室内装潢视为一个整体。布隆代尔曾以单一实体的方式设计洛可可式的房间，即将所有墙壁、家具与室内陈设都视为一体。罗伯特·亚当与约翰·纳什等乔治亚风格的建筑师亦是如此。后来，室内装潢成为建筑师、装潢商，以及细工木匠合作的成果；当然这类合作未必都能和谐无间。但到19世纪中叶，所有与室内有关的设计已经完全成为装潢商的职责；而在这时，装潢商也已改称为室内设计师。

室内设计师甚至比建筑师更加不善于因应新科技，也因

181

此他们经常与时尚潮流以及新事物处于对立状态。在 1898 年，当中央暖气与通风设施已有相当进展之际，美国一本讨论室内装饰的书仍坚持开放式壁炉是唯一可以接受的取暖形式。并且这本书在结论中提出警告："我们或许可以说，从一栋房子所采用的取暖方式，就能判断住在屋内的人是否有品位，是否具备高尚的社交礼仪与知识。"[5] 在煤气灯与通风管这类装置相继问世以后，主要经由视觉层面切入的装潢商，与基本上通过机械层面切入的工程师之间出现了裂痕。我们将在下文谈到，这道裂痕随着时间不断加深，最后导致人们对居家的舒适性出现了精神分裂似的两种态度。直到今天，我们仍无法摆脱这种阴影。

维多利亚时代设法运用科技改善家居生活的舒适性，但这项努力却遭受重挫。那情况就仿佛他们极力完成一幅拼图，却不知道其中几片早已遗失。史蒂文森曾经指出环境装置必须依赖"某一类动力"；不过因为当时还没有机械动力，他描述的那些传声筒、通风管与传送食品的升降机等等，使用的都是人力。[6] 蒸汽是 19 世纪主要的动力来源，但尽管靠着蒸汽动力，火车可以从旧金山驶抵纽约，蒸汽船可以从蒙特利尔开到伦敦。但蒸汽机本身太大又太昂贵，根本无法运用于居家生活中。确实也有几栋极其庞大的维多利亚时代乡村屋建有自用的蒸汽机房，不过这是例外。*煤气是家庭中唯一的人工能源；而且，如前文所述，无论用于照明，或用于烹调（这类用途较不普遍），煤气都有许多缺点。

当时也曾多方设法，以各项既有手段解决机械化的问题。一位美国人用一条橡胶管将熨斗与煤气灯连在一起，发明了煤气加热的熨斗。当加压水于19世纪70年代进入住宅时，有人认为水力是机械化问题的解决之道。几家公司于是造出"水力引擎"，这是一种连接在水龙头上的小型涡轮机，可以经由滑轮而带动用具运转。在水费低廉的地区，水力引擎似乎颇为普遍，洗衣机、甩干机、缝纫机、风扇与冰淇淋机等都以这种方式驱动。有一家公司还推出所谓"水精灵"，这是一种能产生空气吸引作用的水力引擎，可用以驱动真空吸尘器、按摩器与干发吹风机。

不过，最主要的动力仍然一如往常，靠的是人力。19世纪出现各式各样人力操作的家庭用具，其中不仅包括缝纫机、苹果去核器与打蛋器，还有洗衣机与洗碗机。[7]这种洗衣机与洗碗机的外观，与现代洗衣机与洗碗机相像得令人称奇，只不

* 到19世纪末，供家庭用的小型蒸汽机问世，不过很快就被较有效率的马达取代。动力的欠缺严重局限了居家生活科技。通风与取暖装置都很粗糙而且效率不佳，因为它们必须依靠重力与自然的对流。空气极其缓慢地在各个房间中流通，厨房的油烟味迟迟无法散去。装设壁炉的房间在没有机械协助的情况下，只能借由热能的辐射而加热，紧依壁炉而坐的人被烤得头昏眼花（为免遭此下场，有人想出办法，坐在所谓避火屏风之后），但坐得较远的人却在一旁冷得发抖。

过是借由曲柄或杠杆驱动罢了；直到 20 世纪 50 年代，加拿大乡间仍有人使用手动的洗衣机。大家殷殷期盼的地毯清扫机于 19 世纪 60 年代问世。维多利亚式的室内装潢使用许多帷幔与地毯，在较明亮的煤气灯进入家庭以后，来自屋内屋外的烟囱烟灰在室内便无所遁形。* 除当时已经成为地毯清扫机经典的旋转扫帚式设计之外，以各类型风箱驱动的吸尘装置也已研制成功。其中一种清扫机需要使用者像玩弹簧单脚高跷一样，不断将把手推上推下；另一种清扫机有很长的把手，在使用时会斜向一边上下摆动，活像一把巨型剪刀。设计得最古怪的吸尘器应首推一种用两个风箱做成的装置，那倒霉的女仆必须像穿鞋一样穿着这两个风箱在屋内游走，当她不停游走时，风箱气口也就不停地吸尘。

要使这许多家庭设备具备实用性，必须有一种小而有效的动力装置；而这正是家居生活科技中遗失的一片拼图。事实上，另两个碎片的欠缺也使这种科技迟滞不前：较有效的热源，以及较明亮、较洁净的光源。所有这三个遗失的环节都因电的发现而补齐，或者较明确地说，在小型发电机、电阻电热器与白炽灯发明以后，一切难题都迎刃而解。

人类在一开始将电力用于照明。巴黎一家百货公司于

---

* 像道格拉斯·高尔顿这些重视通风的工程师都极力反对使用地毯，他们说地毯容易招惹尘埃，有害健康。他们的警告似乎有效，因为到 19 世纪末，覆盖整个地面的地毯已经被较小块、铺盖在漆木地板之上的小地毯取代。

1877 年装设 80 盏弧光灯，同年，伦敦的一栋建筑物也改而采用这种照明方式。弧光灯极度明亮，但基于技术理由比较适合大型设施使用，例如用于灯塔。一般也常作为街灯使用（首先以弧光灯照明街道的城市是克利夫兰），巴黎就曾在其林荫大道两侧使用弧光灯，前后持续数年。但就家庭照明而言，爱迪生与斯万各自在美国与英国发明了第一个碳丝灯泡，才是真正的突破。1882 年，爱迪生在纽约市的华尔街地区建立一座发电站，并且通过一个埋在地下的电缆输电网络，为 2.6 平方公里地区内的用户供电。5000 个爱迪生灯泡就此在 200 多户富裕的商人家庭中大放光明，金融家摩根也在家中装上这种灯泡。

煤气灯历经 50 余年才为社会大众所接受，电气照明进展的速度则快得多。不到两年，爱迪生的发电站已有 500 余位客户，其中包括放弃煤气灯，改用电灯照明的纽约证券交易所。越来越多的美国设施改用电气照明，爱迪生还为设在米兰的欧洲第一所发电站提供发电机。在若干法律争议获得解决之后，爱迪生与斯万建立了伙伴关系，联手在全英各地建立电厂。在阿姆斯特朗爵士率先于峭壁山庄安装电灯之后仅仅数年，英国下议院与大英博物馆等几栋公共建筑也采用电气照明。没隔多久，住宅——而且不单只是富人的豪宅——也开始使用电灯。电力公司如雨后春笋一般，在纽约、伦敦与欧洲各大城市纷纷建立。

到 1900 年，电灯已成为都市生活中众人所接受的事实。电气的第一项大规模用途就是照明，事实上这也是当时电气的唯一用途。人称爱迪生的发电站为"电光站"；而且正如煤气科技借由煤气灯而普及，电气科技的急速成长也要依赖白炽灯泡。电气相对于煤气的优势极为明显，电灯比煤气灯明亮、安全、稳定可靠而且洁净。使用电灯以后，人不必再忍受有毒的恶臭，天花板不会再被油烟熏黑，擦洗灯罩、在架灯处做特别通风处理等等恼人的事都成为历史。从阿尔甘的油灯到白炽灯，室内照明的革命仅在前后 100 年之间就成功了。

电气一旦走入家庭，就派上了其他用场。根据记录，用电运转机器的第一个例子，于 1883 年出现在纽约的一个杂货店；这家杂货店当时使用一具电马达来转动一台咖啡研磨机。艾萨克·辛格察觉到电气的无穷潜力，早在 1889 年推出了一种电动缝纫机。同年，美籍克罗地亚移民尼古拉·特斯拉为他发明的一种高效、多阶段的电马达申请专利；两年以后，他与乔治·威斯汀豪斯合作，制作出一种可以移动的小型电扇。第一台电动吸尘器于 1901 年获得专利；到 1917 年，吸尘器的普及已经到可以利用蒙哥马利·沃德（Montgomery Ward）目录邮购的程度。同年，电冰箱开始在法国与美国境内大规模生产。第一部托尔（Thor）电动洗衣机在 1909 年上市，沃克（Walker）电动洗碗机在 1918 年开始出售；到 20 世纪 20 年代，这两种商品都在市场上大规模销售。第一部小型电动马达的制造与操作成本都很低廉，威斯汀豪斯公司在 1910 年的广告中夸称，它出品的电扇每运转一小时的费用仅及 0.25 美分。各种电气用品能够出现的另一个理由是，包括电扇在内的多数电气用品，事实上只是早先手动型用品的电动版本而已。由于在装上电马达以前，手动的真空吸尘器、洗碗机与洗衣机等家庭设备早已存在，只需要转为电动就行了。既然欠缺的碎片已经备齐，整个拼图也就不难完成。

电马达的发明另外还带来一项较不明显，但同样重要的好处：可供房间暖气与通风设施使用的电扇从此唾手可得。美国的夏天既炎热，湿度又高，可以移动的电扇遂在这里对家居生活的舒适性发挥极大作用。尽管电扇价格并不便宜——在 1919 年，一台电扇要价 5 美元，比当时一天的工资还高——但它们广为使用。[8]悬挂在天花板上的吊扇于 20 世纪 90 年代出现在美国南方诸州。早年鼓吹通风的人一直设法解决室内空气憋闷的问题，而吊扇能改变空气停滞的状态，可以减轻这种憋闷感。它们经常结合电灯一起出现，一举解决光线与空气两个问题。廉价的中央暖气系统之所以能够普及，电动送风扇扮演着相当重大的角色。暖气取暖一直比热水取暖系统廉价，因为后者需要具备昂贵的管线装置与暖炉；但许多人不喜欢暖气系统，因为在没有风扇送风的情况下，空气只有在加热到极高温（180 摄氏度）时才会通过送风管上升。难怪医生经常告诫谨防室内温度过高之害。有了电扇协助空气流通以后，经过加热的空气可以与新鲜空气混合，依照设计在整栋房子各处运转，并以舒适的温度将空气传送到各个房间。

人们很快察觉到电气提供直接热源的能力。1893 年举行的芝加哥世界博览会展出了一个"模范电气厨房"，里面展出的用品包括一个烹饪炉、一个烤箱，还有一个热水器，全部采用电热。在长效镍－铬合金电阻器的制作科技于 1907 年趋于成熟以后，各式各样有效而又耐用的电气用品纷纷问世。威斯汀豪斯公司于 1909 年推出一种电熨斗，不到几年，烤面包机、电咖啡壶、电烤盘与电锅的使用已经相当普遍，至少美国境内如此。

家庭电气用品的普及与电费的低廉有密切关系。爱迪生的最初几位客户必须支付每千瓦时 28 美分的电费，这是一笔极庞大的开支；因而在一开始，电力与电气用品都被人视为奢侈品。不过这种情势没有持续很久，电费很快开始下滑。到 1915 年，电费降到每千瓦时 10 美分；1926 年的电费为 7 美分，但换算为 1915 年的美元币值，约仅为每千瓦时 4 美分。[9]在 1885 年，当煤气最为盛行之际，英国境内只有约 200 万户家庭使用煤气——还不到全国总人口数的四分之一；在 1927 年，拥有电力的美国家庭超过 1700 万户——为全国总人口数的 6 成以上。美国电气化房屋的数目（主要位于城镇，随后乡村地区也逐步电气化），约与全球其他地区电气化房屋的总和相等。这代表着一个规模前所未见的消费者市场。

最广泛使用的电器（除电灯以外）是电熨斗，到 1927 年，美国四分之三的电气化家庭都有电熨斗。传统熨斗必须放在炉灶上持续加热；它们都是庞大笨重的平熨斗，重量视熨烫对象不同而从 1.35 千克到 5.4 千克不等。[10] 当年称平熨斗为"悲伤熨斗"（sad，这个词在当时有沉重、愚蠢之意），巧的是，"悲伤"一词也贴切地描绘出当年那些使用者的心声。而电熨斗的重量还不到 1.5 千克。第一批电熨斗很贵，要价约为 6 美元，但使用时无须将整个炉灶加热，因此它们的运作费用较传统熨斗低廉。电熨斗还有另一个重大优势：使用者不必紧傍着热炉灶，而可以在其他环境下舒适地进行熨烫工作。同时具备这项优势的还有轻便型煤气熨斗与酒精熨斗。

在 1927 年，超过半数的电气化家庭拥有一台真空吸尘器。有鉴于这种电器量产尚不到 10 年的事实，能够如此普及实在令人惊异。在 1915 年，一般人可以用 30 美元买一部小型的、附有外部集尘袋的吸尘器；但较大型的、附加配件的真空吸尘器就昂贵得多（约需 75 美元）。[11] 随着使用的普及，它们的价格也逐渐滑落。一家瑞典公司在成功研发一种圆筒型吸尘器之后，开始进军美国市场，伊莱克斯（Electrolux）的设计于是成为其后 50 年吸尘器的典型。像电熨斗一样，真空吸尘器也具有节省劳力的好处；此后可以就地清洁地毯，不必再像过去一样，每周一次将地毯移到室外，进行拍灰、清理。

有人说，家庭用品机械化不过是节省了时间而已。但若果真如此，真空吸尘器与电熨斗不可能如此迅速地普及。家用电器之所以能广为所用，也绝不只是市场营销的成果；不过，市场营销无疑是促进家电普及的一个因素，真空吸尘器的情况尤其如此。挨家挨户登门推销商品的推销员，所卖的最初几种商品中就包括吸尘器。这些家电产品最能节省的，不是时间而是精力，它们使人能以较轻松的方式完成家务工作。虽然之后也有一些不甚实用的电气用品问世，例如电动切肉刀与电牙刷，但最早期家用电器都以能够大幅减轻家务负担著称。"节省劳力的用品"这个新词也因此应运而生。

美国人之所以热衷减轻家务负担，至少部分是因为美国家庭一般而言很少雇用仆人。这倒不是说美国人不兴雇请佣人；尽管也标榜一种自我宣扬的共和主义，美国绝非 17 世纪荷兰的现代版——在 17 世纪的荷兰，连总统夫人都得亲自动手晒衣。在 1870 年，美国境内的有薪妇女有整整 6 成担任仆役工作。唐宁甚至曾以雇用仆人多寡为准，作为大宅与小屋之间的区分——凡雇用仆人少于 3 人者，算作小屋。但无论如何，凯瑟琳·比彻早在 1841 年指出，美国人必须建构较小型的房屋，因为"随着这个国家的日趋繁荣，忠诚的仆人将越来越难找"。[12] 事实演变也正是如此，到 1900 年，美国境内仆人的数目尚不及英国的半数；超过 9 成的美国家庭没有仆人。[13]

美国境内仆人的数目较少，不是一种需求上的问题，而是供给上的问题，因为无论何时，总有人在征求仆人。仆人的工作（也可以说仆妇的工作，因为绝大多数仆人为妇女）绝不轻松，特别是在家电产品普及以前，这类工作尤其繁重。如果能够依靠丈夫的工资，或者还有其他工作选择，包括进工厂当女工，妇女都宁可不做佣人。这种情况一直持续存在。只有在最贫穷、工业化程度最落后的国度，中产阶级才可以雇用许多仆妇。在墨西哥这些国家，由于近年来经济发展加速，妇女享有更多就业的机会，仆妇难寻的怨声也就越来越响了。

　　大战期间，美国当局鼓励妇女加入劳工行列，移民潮也因战事而放缓，因此在第一次世界大战结束之后，美国境内仆人数目锐减。*这种现象也导致仆人工资的上调，增加幅度约为三分之一到二分之一。[14] 1923年，在美国家庭做仆人的年薪约为300美元，而同样工作的工资在英国就少了一半多。[15]在工资提高，且愿意帮佣的妇女人数又不断缩减的情况下，美国家庭即使雇得起仆人，也不会雇许多人。雇用两个以上仆妇的家庭在美国并不多见，一般顶多只雇用一位而已。而比较普遍的现象是请兼职工帮忙。在20世纪20年代，一般认为年收入至少3000美元的家庭才请得起仆人。由于当时一般家庭年

---

* 移民美国的妇女始终是美国家庭仆妇的主要来源。在20世纪初期，她们主要来自爱尔兰与东欧，在20世纪80年代，她们来自中美洲与加勒比海地区。但无论如何，仆人总数在不断减少，在1972年至1980年间，美国家庭雇用的女仆人数减少了三分之一。

收入约 1000 美元，有能力请得起全职仆人的家庭并不多。

美国的家庭主妇之所以能够在仆人较少的情况下持家，不仅基于经济因素，也因为受到 1900 年以后出版讨论家务问题的许多书的影响。艾伦·理查兹在《庇护所的成本》一书中，认为雇用家仆是一种既昂贵又不必要的社会习惯，是大多数年轻夫妇负担不起的"奢侈生活的附属品"。[16] 玛丽·帕蒂森基于社会理由，反对雇用仆人，她在《家庭生活工程的原则》(Principles of Domestic Engineering) 一书中，形容雇用仆人是一种"役使家臣的野蛮行径"。[17] 鼓吹"无仆妇家庭"的克里斯汀·弗雷德里克认为，家务管理效率的主要障碍就是仆人，因为她们一般若非教育程度不佳的移民，就是来自乡下的女孩，这样的人通常会对新构想与新设备抱持反抗态度。弗雷德里克说，她自己家里有一把煤气加热的熨斗与一台滚动式洗衣机，但是除她本人使用以外，这两件用品总是闲置着，无人问津——因为她无法说服她的仆人使用它们。*[18]

基于各种社会、经济原因，美国妇女就像 17 世纪的荷兰妇女一样必须操持所有家务，至少必须做大部分家务工作。这表示，当电气与机械化进入家庭之际，许多中产阶级的妇女得

---

* 1984 年摄制的电影《北方人》(El Norte)，以幽默的手法描绘了一个类似的情节。这个情节如下：一位美国家庭主妇虽然使尽办法，仍然无法说服她的墨西哥女佣使用洗衣机与干衣机；这位仆人仍然用手洗衣，然后将衣物挂在市郊草坪上晒干。

以亲身体验家电省时省力、提高家务工作效率的种种好处，而她们也有余钱可以购置这些家电产品。这许多因素的因缘巧合，说明美国家庭风貌何以在20世纪初期出现迅速变化。

美国主妇之所以比较注重家务工作的效率，倒不是完全因为仆人难求，也不是因为家务工作的机械化。早期出版的家务工作手册《家庭主妇》（*Housewifery*）的作者就曾表明这一点。她说："所谓省力的工具不必然是机械性很强的工具；也不是说有了它们以后，家庭主妇就可以把工作交给它们，自己读书看报或外出访友。它们通常都是靠手操作的工具，只适合完成旨在完成的工作。"并且她告诫主妇们不要盲目、一窝蜂似的购置这种工具。她说："主妇们应该阅读、调查，并尝试新的方法，直到能确定这种方法与她原先所采行的孰优孰劣为止。"[19]这在当年是典型的警告。美国家庭并没有一窝蜂地涌向机械化。家庭主妇们欢迎家用电器，视它们为家务工作重整过程中的一种助力，但它们并不是展开这项过程的起因。促成美国家庭激烈变化的，不是那些呼啸运转着的电马达，或那些散发着光辉的电暖炉。与所谓舒适家庭的定义所产生的明显变化相比，这些工具的变化几乎算是微不足道。

美国人在居家生活方面最伟大的创新在于，他们不仅要求居家休闲的舒适，也要求家务方面的舒适。吉迪恩曾说，早在机械工具进入家庭之前，有关家务的组织活动就已经展开。[20]

只是他应该在这句话前面加上"在美国"几个字，因为将效率与舒适注入家务工作的例证首先在美国出现。后来所谓家庭经济学的最早期代表人物，当推凯瑟琳·比彻，她在 1841 年写了一本书，名为《供年轻仕女们在家庭与学校参考的家庭经济论点》(*A Treatise on Domestic Economy for the Use of Young Ladies at Home and at School*)。尽管这本书主要讨论的是家庭的管理，但它有一章谈的是"房屋的构筑"。正如与她同一时代的英国人罗伯特·克尔在《绅士之屋》一书中所说的一样，比彻也强调健康、便利与舒适在房屋设计中的重要性；只不过她远不像克尔那么重视"高品位"，她认为高品位不过是"值得拥有的，但并不是很重要的东西"。* 但她与克尔的论点还有其他差异。所有由男士执笔、有关房屋设计的书，对于妇女在家庭中的活动，或对便利与家务工作之间的关系，都不加着墨；即使偶然提之，也是轻描淡写、一笔带过。克尔的《绅士之屋》也不例外。但比彻这本书虽然撰写的时间较《绅士之屋》早 20 年，却对上述问题有明确的诠释："无论家庭经济理论如何强调美国妇女的健康与日常生活的舒适，它们如果不能同样重视房屋的适当构筑，这一切都只是白搭。"[21] 不同于《英国人之屋》(*The Englishman's House*) 或其他许多有关室内

---

* 与克尔不同的是，比彻不是一位专业出身的建筑师，她是一位教师。不过这本书与她之后发表的另几本书中所提的，绝大多数都是她自己的设计。

建筑丛书的是，比彻的《供年轻仕女们在家庭与学校参考的家庭经济论点》针对的读者不是男人而是女人；同时也由于针对对象为房屋的主要使用者，她在书中讨论的，是不同于其他作者所关注的另一套问题。她讨论的不是"精雕细琢的装饰"与时尚流行，而是适当的厕所空间与舒适的厨房；她不注重房子看起来如何，只重视它如何发挥其功能。

在《供年轻仕女们在家庭与学校参考的家庭经济论点》与之后发表的几本书中，比彻详述了她有关建筑与技术的构想。书中随处可见她与众不同的观点。在其他有关建筑设计的书中，厨房只是标示着"厨房"字样的一个大房间。而比彻不仅在书中说明了清洗槽与炉灶这类重要组件应该安装的位置，还提出多项实用的创意：装毛巾的屉柜；在清洗槽底下摆洗洁粉；连成一气的工作台，台下有贮物柜、台上设架子；用玻璃滑门区隔烹调炉与厨房内其他工作区等等。她的讨论范围也不局限于厨房。为求节省空间，她设计将床摆在小型凹室中（这些凹室称为"床间"，有些类似荷兰人在 17 世纪使用的睡橱），这些凹室散置房屋各处，甚至客厅与餐厅中也有凹室。虽然当时有关建筑的书一般并不提及房门开启的方向，比彻却不忘在书中仔细讨论这个问题，因为"炉边是否舒适，在极大程度上取决于房门开启的方向"。[22]

詹姆斯·马斯顿·费奇与吉迪恩这些历史学家，一直赞誉比彻为现代建筑学的先驱，但诚如道格拉斯·汉德林

（Douglas Handlin）所说，若将比彻视为一位革新分子，无异于忽略了她在书中那种基本上倾向保守的信息。[23] 虽然像她所有家人一样，比彻也主张废止黑奴制度（她的姐姐是哈利叶特·比彻·斯托夫人），但她既非激进分子，也不是女权运动人士，事实上，她还反对妇女有投票权。她对于女性应该留在家里的说法并无异议；她要强调的是，家的设计仍不理想，还不是女性安身立命之所。

她反对的，是当时男性的家庭概念——它基本上是一种视觉概念。唐宁的《乡村屋的建筑》(*The Architecture of Country House*) 可称为这种概念的代表之作。唐宁在这本书中，也曾应酬般地谈到房屋应结合实用与美观，但在他心目中究竟哪一种比较重要则是人尽皆知的事。他以 4 页篇幅讨论"建筑物的用途"，但在题为"建筑物之美"的下一部分，他洋洋洒洒地谈了 22 页。就像大多数建筑设计书籍的作者一样，在论及使用便利性的问题时，唐宁也是以一种极度泛泛的方式浅尝辄止。例如，一间餐厅"便利"，因为它靠近厨房；一间卧室"有用"，因为它很大。罗伯特·克尔在讨论房屋计划时，也曾将舒适与便利加以区分：舒适涉及的是屋主们对家的消极性享受；便利则与房屋的适当运作有关。而依照克尔的看法，房屋适当运作与否主要是仆人的事，无须详加讨论。但另一方面，由于比彻认为至少部分家务工作必须由主妇们亲自动手完成，她将"劳力的节省"视为规划一个家的第一考量。

比彻提出一个自 17 世纪的荷兰以来没有人提过的观点：使用者的观点。这是美国家居生活最重要的特性：应该通过实际在家中工作的人的眼光，也就是说，应通过主妇的眼光来考虑家的设计。在欧洲人心目中，家是男性支配的领域，所谓绅士之屋即可见这种观念之一斑；而比彻以及之后的其他女作家扭转了家的形象，并且也使家的定义更加丰富。[24] 男性有关家的观念基本上是一种静止、出世的观念：家是可以将俗世烦恼弃之门外、让人轻松休闲的所在。女性有关家的观念则是积极、活跃的；在女性心目中的家，固然也意味着安适休闲，但也代表着工作。我们可以说，自女性观点蓬勃发展以后，家的重心已由客厅转移到厨房；当电气首次进入家庭时，必先跨经厨房之门而入。

比彻与她的姐姐哈利叶特，在 1869 年合撰的《美国妇女之屋》（ *The American Woman's Home* ）一书中，介绍了理想房屋应具备的许多环境科技。其中包括的暖气与通风导管系统，可以将热空气从地下室的火炉处引入每一间房，并且通过壁炉将废气排出。[25] 位于屋顶下的贮水池提供加压水；屋内设有两个抽水马桶，一个在地下室，另一个位于卧室的同一楼层。这栋理想房屋另一个同样了不起的特点就是它利用空间的方式：在一般作为餐厅使用的空间里，理想房屋摆着一个设有滚轮、可以移动的大柜子。夜间可以将柜子移到一边，整间房于是变成卧室。早上可以将房间一分为二，作为起居室与早餐室使用。在白天，可以利用这个柜子做隔间，造出一个较小的缝纫区，与一个较大的会客区。比彻姐妹在书中写道，通过这种方式，"即使住在简约的小房子里，也能享受昂贵的大房子所能提供的大多数舒适与精致的生活"。[26] 比彻的《供年轻仕女们在家庭与学校参考的家庭经济论点》一书，以"环境平庸"的"年轻家庭主妇"为对象，书中提出的房屋设计，规模确实很小。举例说，她采取小型卧室等的设计，在不到 99 平方米的地方为 8 个人提供生活空间，而且还能顾及橱柜与足够的贮物空间。"一个家每多添一间房，它的装饰与家具开支也增加一分，花在清扫、除尘、地板清洁、油漆、窗饰、保养以及家具修缮方面的劳力也同样增加。房屋的规模扩大一倍，为照顾它而必须投入的劳力也扩大一倍，反之亦然。"[27]

虽说小房子的建筑成本总比大房子节省，但比彻之所以如此热衷于缩减房屋规模，并非仅仅是为了省钱。她有另外一层用意：由于照料与使用较易，小房子住起来比大房子舒适。她写道，大房子有许多缺点，"桌椅、烹调材料与用具、清洗槽与餐室等等，彼此距离如此之远，仅仅是来回走动、取用与摆回物件，半数时间与精力已经耗尽"。[28] 自许多年前荷兰人曾设计小巧的房屋以来，在家居生活设计领域还没有人对房屋之小表示过推崇之意。这种实惠小屋论点的重现，代表着家居生活舒适演变过程的重要一刻。无论就这一点，或就其他许多方面而言，比彻都堪称走在时代尖端；因为在 19 世纪，一般人仍然认为地方宽大才可能舒适，所谓小而舒适的观念仍无法为绝大多数人所接受。不过这只是时间问题罢了。

理查森的《英国人之屋》（*The Englishman's House*）中，有一个名为"市郊别墅"（A Suburban Villa）的设计。* 以维多利亚式建筑的标准而言，这是一栋仅有 3 间卧室的小房子，适合年轻而富裕的夫妇带着两三个孩子居住。这栋房子除供仆人居住的阁楼以外，总计有三层，使用面积超过 555 平方米。在理查森看来，这样的使用面积算不上奢侈。他特别指出，这栋根据当代美国理念设计而成的房子，是一栋"安排紧凑"且"空间利用经济"的"小型市郊别墅"。[29] 实际上也确实如此，这栋小别墅的房间都压缩在一个方形区内，用于走道的空间相对而言也很小。

克里斯汀·弗雷德里克也曾在《家居工程》（*Household Engineering*）一书中以一栋房屋为例，写成"有效率住宅的设计"一章；试将理查森的小别墅与这栋房屋做一比较。弗雷德里克选定的这栋房子于 1912 年建于伊利诺伊州芝加哥郊区的特雷西（Tracy），时间在理查森的书出版之后仅 40 年。这栋房子也是为中产阶级家庭设计的，但在规模上更加接近比彻的

---

* 理查森不是一位重要的建筑师，他不具克尔的权威，也缺乏史蒂文森的才气与专业知识。但正因为较不具创意，且构想较为传统，他的书反而畅销；这本书发行了许多版，直到 20 世纪之初仍然印行。

范例。尽管有 4 间卧室，但它的总面积（不包括地下室）仅及理查森小别墅的四分之一。仅及四分之一！位于特雷西的这栋美国房子，就房间数而言并不比小别墅少很多。它有客厅，也有餐厅，只不过它不设图书室而设有游乐室。它还设有一个睡廊（自 1900 年以来，美国的房屋建筑很流行睡廊的设计），与一个用玻璃与屏幕隔成的起居廊。造成两栋房子大小如此悬殊的原因，在于英国屋的每一间房都大得多；在这栋 19 世纪的英国屋中，即使是规模最小的化妆室，也比芝加哥那栋房子中的大多数卧室还大。若以现代标准而言，英国屋的卧室称得上宏伟壮观，它们每一间都比美国屋的客厅还要大。

理查森设计的这栋"小"市郊别墅总共有 17 间大房，要维持房间的清洁，必须至少有两个人不断进行清扫、擦拭、去尘的工作。相对而言，美国屋的设计目的在于使家庭主妇可以独自一人、轻松地维持清洁，即使需要帮手，也只需找一个兼职工就够了。这样的经济考量，不仅导致房间面积的缩减，也促成"内置式"家具，如贮物架、厨房壁柜、书架、炉边椅座以及餐具架等等的广为使用；而这类家具在维多利亚式的建筑中是找不到的。据弗雷德里克说，内置式家具最主要的长处是它们永远无须搬动，因此它们的清理也简单得多。弗雷德里克的厨房设计纳入许多日后广为世人采用的实用特性，其中包括：窗户开在料理台上方；清洗槽两面各设排水板；橱柜面积大小不等；以及清洗槽、冰箱与工作区密切相连。内置式橱柜是 19 世纪之初问世的另一项美国设计创举（比彻首先在设计中提出），这项设计不仅取代了卧室里的衣橱，也取代了厨房里的碗橱等橱柜。贮物间的形态与位置问题也完全得以解决，而且直到今天一直没有多大变化：衣帽间设于正门入口旁，收纳扫帚等清洁用具的小间紧靠厨房而设，储藏织物的小间位于楼上大厅，装药物的柜子设在浴室。

将抽水马桶与浴缸摆在同一个房间，供全家人共同使用的观念，也是美国人发明的。许多唐宁在 1850 年的房屋设计，都纳入将抽水马桶与浴缸结合在一起的"浴室"，而他似乎也并不引以为奇。到 19 世纪与 20 世纪之交，浴缸坐落在浴室一端，抽水马桶与洗手槽并排摆在另一端的三件式浴室已经普及。不过欧洲的情况并非如此。从理查森的描述中我们可以确知，英国人通过管道将经过中央加热的水送入每一个化妆间，但由于大家仍然使用摆在化妆间的移动式浴盆，前述"美式"浴室并不存在。理查森曾建议在楼下的小化妆室装设浴缸，尽管这实在不是装设浴缸的理想地点，但这项建议显示，使用移动式浴盆的传统已近尾声。这种"美式"浴室对于小房子的设计十分重要，因为它意味着化妆间可以完全省略，而且卧室（在过去，浴盆有时也摆在卧室中）面积也可以减小。这项设计也提升了舒适度；当然，因此获利的不是洗澡的人（还有什么事能比在熊熊炉火前懒洋洋地泡着澡更加惬意？），而是过去必须为摆在每一间卧室的浴盆装水、倒水的人。现代浴室因管线装置与壁砖设计而显得实用、有效，但促成这项成果的原因是无仆役家庭的观念，而不是什么重大的科技进展。

但科技在其他方面确实有助于家居生活的舒适。在19世纪，单是为屋内14处壁炉做清废料、添燃料，以及为设在各处的煤气灯做调整灯芯、擦拭灯罩的工作，已经足以耗去一个仆人大半天的时间。较为现代化的房子通过设在地下室的火炉将水加热，再使热水流经置于每个房间窗台下的散热器，从而为整栋房子加热。这个火炉使用炭火，必须依靠人工添加燃料，但每天只需添加一次。照明当然已经改用电灯。

维多利亚式房屋设计的严格划分，在美式房屋中并不存在。游乐室并非专为孩子而设。据弗雷德里克说，当"年轻人"使用起居室时，做父母的也可以使用游乐室。她并且强调，应该让孩子随时都能进出他们的房间而不致扰及大人的活动。在那栋位于特雷西的房子中，孩子可以从后门入屋（并可以就便使用厕所），或上楼或到游乐室，都可以不必穿过客厅或厨房（也因此不会将尘土带入这些房间）。在小房子中，想要达成将人员进出与活动分隔的目标十分不易，因此，虽然在庞大的维多利亚式建筑中，大家已将安静与隐私视为理所当然，但在小房子中，如何谋得安静与隐私就成为居家舒适设计的重大课题。厕所、浴室、楼梯与缝纫间的位置经过精心设计，以求有所区隔，使每一间卧室都能获得较大的隐私。父母的卧室位于起居室上方，孩子的房间则位于较安静的厨房与游乐室之上。

18 世纪法国府邸的设计人在房间位置的规划上煞费苦心，为的是将仆人的活动与主人分隔；而这栋现代美国式房屋的设计人也同样极力设法将孩子的嘈杂与父母的活动分开。不过，这种区分又与府邸的严厉区隔不一样，因为父母与子女共享某些活动，而这种共享性必须与隐私相整合。无论如何，当年使洛可可风格设计人深受启发的"物品"意识，同样也影响着这栋美式房屋的设计人。

这位设计人是极具才赋，但不甚时髦的建筑师 H. V. 范·霍尔斯特。*克里斯汀·弗雷德里克原可能选择一位名气更响亮的建筑师所设计的房子，例如弗兰克·劳埃德·赖特；因为毕竟她对赖特的作品一定很熟悉。弗雷德里克是《女士家庭杂志》（*The Ladies' Home Journal*）发行人爱德华·波克的友人，而波克曾委请赖特为 1901 年 7 月号的《女士家庭杂志》设计"一栋有许多房间的小房子"。赖特的设计确实纳入了许多弗雷德里克鼓吹的节省空间的特性。早在他于 1893 年设计的切尼屋（Cheney House）中，就包含了一个组合式的餐厅、客厅与图书室，一个极有条理的厨房，几间小型浴室，一个中央暖气，与一个有效的平面设计图。但就像大多数建筑师

---

* 霍尔斯特在 1914 年发表的《现代美国家庭》（*Modern American Homes*）一书中讨论的都是最平民化、实惠的房屋设计。[30] 弗雷德里克在书中唯一指名道姓提到的建筑师只有他一人；莉迪亚·雷·巴尔德斯顿在《家庭主妇》一书中也提到过他。

一样，赖特还有其他考量，房屋外观的优美与否在他的作品中总是居于首要地位。尽管他在室内设计方面也有许多务实的想法，但他最优先的考量仍然是建筑与美学。

从弗雷德里克和所有主张家庭管理之士的立论中，我们都能觉察到一种对建筑技术的普遍存疑，而且这些人全为女性。许多年以前，比彻曾指责"建筑师、房屋建筑商与男性大众疏忽职守"，以致找不出提升房屋通风的经济有效之道。[31] 弗雷德里克建议家庭主妇将她们的需求详细告知建筑师；在她看来，建筑师的角色不过是提出房屋外观改善的建议、为建筑商准备技术图纸而已。[32] 还有一位女性作者也提出警告说，家庭主妇要有遭遇建筑师反对的心理准备，因为"某些事行之已久，几乎长达好几世纪，因而家庭主妇们那些所谓的新构想，往往为人视为不可行"。[33] 为对付这种状况，这位作者还为她的读者提供一个建筑构图的速成课程，使读者也能制作设计图或能够"检验"建筑师的设计图。艾伦·理查兹似乎也对建筑师的室内设计能力存疑，至少她不相信他们对这个领域有兴趣。她在 1905 年曾经撰文指出，有关当局有必要展开协调行动以教育"房屋专家"，不过她没有指明建筑师在这些"专家"之列。[34] 这些声明显示，建筑师从视觉切入的做法，与19 世纪工程师 * 从实用角度切入的做法，两者之间的裂痕已越

---

* 这些女作家都自称"家庭工程师"，而不是"家庭建筑师"。

来越大。

　　这些"家庭工程师"倡导的有效设计构想，形成了一项令人难以置信的结合：一是妇女为谋家务工作理性化与组织化而下的功夫，一是为提升工厂工业生产而研发的理论。来自费城的工程师弗雷德里克·温斯洛·泰勒，在1898年至1901年间，利用在钢厂工作的机会，仔细观察工人完成特定任务的做法，研究缩短时间、提高效率，从而增加生产力的改革之道，终于制定出一套改善工作程序的办法。泰勒的办法讲求直接观察（通常带着秒表进行观察），而且他的改革手段往往极其简单，例如改良工具、重新安排休息时间、调动装备位置等等。就增加生产力而言，这些办法的成果极为惊人。更重要的是，大家很快发现，其他人也可以成功地把泰勒的办法运用于其他活动。没隔多久，另一位讲究效率的工程师弗兰克·吉尔布雷斯，在研究砌砖时也有了心得。传统上，砖块送到泥水匠处以后，总是高矮不均、随意成堆地放着。吉尔布雷斯设计出一种砖架，将它摆在高矮可以调整的台子上，让砖架的高度始终维持在泥水工人的腰部，使工人无须弯腰就能轻松取砖。由于这项简单的改善，砌砖工作的成效提升了3倍。

　　许多事情的成就都源自一连串令人称奇的巧合，把所谓的"科学管理"运用于家务工作也不例外。克里斯汀·弗雷德里克之所以对这个主题如此有兴趣，是因为她身为商人与市场研究员的先生乔治当时正与几位效率工程师进行一项计划。有一天她对乔治说："如果这个提高效率的新构想真如你所说的那么好，而且从钢铁铸造厂直到制鞋厂等各式工作都能一体适用，我想它一定也能运用于家务工作。"[35] 乔治于是将同事介绍给她，弗雷德里克随后开始造访实施这种新技术的工厂与办公室。她发现其中许多做法都适用于家务工作：适当高度的工作台面可以使主妇不必弯腰工作；工具与机器置放位置的恰当可以减轻主妇的疲惫；根据计划有条理地工作，可以提升效率。这些显然都是家务工作中有待解决的问题。她开始研究她本人与友人的工作习惯。她为自己的工作计时、做笔记，并拍下妇女工作的实景。最后她根据观察心得重新改造她的厨房，并且发现此后她可以更迅速省力地完成家务工作。

如果提高效率只是弗雷德里克的一项嗜好，则事情发展到这里或许已近尾声。但是，就像比彻与理查兹一样，弗雷德里克也是科班出身的教师；而身为教师的她，并不满足于独享此一新知识。在 1912 年，她以《新家庭管理》（"The New Housekeeping"）为题，一连为《女士家庭杂志》写了 4 篇文章，之后将它们整理成书发表。[36] 在位于长岛的家中，弗雷德里克建立"苹果农场的效率实验厨房"（Applecroft Efficiency Experiment Kitchen），以进行工具与用品的测试与评估。3 年以后，她以函授教材的方式，专为女性读者写了《家居工程》一书。她借由图表与许多照片来强调家务工作的各个层面，包括烹饪、洗衣、清洁、购物与预算在内，都可以再提高效率。这是一本集教材、论文、消费者指南与 DIY 手册于一身的书。

在《家居工程》印行的同一年，玛丽·帕蒂森也发表了《家庭工程的原则》。虽说这两位女作家彼此间似乎并无直接联系，但两人所提出的结论殊途同归。在泰勒的直接影响下（泰勒不仅为帕蒂森的书写序，还盛赞帕蒂森，将她与达·芬奇以及牛顿相提并论），帕蒂森花费数年时间，将泰勒的直接观察、衡量与分析之法运用于家务活动中，并在新泽西州的科洛尼亚（Colonia）建立了"家务管理实验站"（Housekeeping Experiment Station）。

为弗雷德里克的《家居工程》写序的，同样是一位效率工程师——吉尔布雷斯。吉尔布雷斯非常注重家务工作的管理。他的研究工作大多是在与妻子的通力合作下完成的，也因此，套用他妻子——心理学家莉莉安——颇感性的说法："当吉尔布雷斯组织自己的家庭时，也设法运用过去在人生冒险与探索过程中使用的那套原则与做法。"[37] 由于吉尔布雷斯家庭人口众多，对吉尔布雷斯夫妇而言，家务工作的管理不只是一种学术探讨而已。也因为有了这些切身经历，莉莉安·吉尔布雷斯写了几本有关家庭生活管理的书，包括《家庭缔造人》（The Home Maker）与《家庭管理》（Management in the Home）。

家庭工程师提出的若干建议，现在看起来难免有些迂腐与固执。举例说，究竟有多少家庭主妇能将她们的日常活动一分钟一分钟地详加记录？有多少主妇每天为自己写清洁程序表？或者将每一件家用品建卡存档（如果当年个人计算机已经问世，不知这些家庭工程师能做出什么惊人之举）？也或者在购置最便宜的家用工具以前，仍会根据书中的建议，先做好成本效益的研究？这一切都颇令人怀疑。

上述几个问题的答案是：可能寥寥无几。但这项具有全民教育意义的效率运动并未因而光芒稍损。兼具舒适与工作效率的概念，以极快的步伐在家庭中站稳脚跟。维多利亚时代的工程师几经奋斗，才说服社会大众采信他们有关通风与卫生的概念；而这些主张家庭生活管理的人却几乎未遭抗拒。弗雷德里克的几本著作极为畅销；她在《女士家庭杂志》撰写的文章拥有许多读者，最后成为一位"家务问题顾问编辑"。莉莉安·吉尔布雷斯受雇于家庭用品制造厂商，研究更有效的厨房设计。比彻曾主张将"家居经济"（Domestic Economy）视为学科，在学校讲授。到 20 世纪初期，许多大专院校已经开有家庭经济学课程；麻省理工学院请到的主讲人是理查兹，在哥伦比亚大学主讲这门课的则是巴尔德斯顿。有人认为，这项室内工程运动之所以能成功，主要原因是运动推动人是女性；这个说法是否有沙文主义之嫌？除女性以外，还有什么人能对居家问题有如此贴切的第一手体认？还有什么人会挺身而出解决这个长久被忽略的问题？还有什么人能以如此直接、如此实际的方式针对问题采取行动？

当然，这些家庭效率的倡导人——吉尔布雷斯、弗雷德里克，以及她们的先驱比彻都是了不起的妇女。*不过她们绝不孤单；有关这个议题的书如雨后春笋般出版，作者清一色都是女性。这些书的内容凭书名即不难察知：《家务工作》《身为女性的工作》《家庭与管理》。这项谋求更有效的家庭管理的运动，是否认定妇女安身立命之处就在家庭？它当然如此认定；它不能自我脱节于当时的现实，而且无论怎么说，它也没有尝试这样做。不过我们不应根据"原本可能出现"什么而做判断，我们应该根据过去曾经出现的以及之后相继出现的事来做判断。由于家庭清洁、烹调、洗衣等等家务工作所需工时的不断缩短，妇女终于得以挣脱束缚，走出与外界隔绝的家务圈。虽然当年无论凯瑟琳·比彻，或是克里斯汀·弗雷德里克，都没能预见及此，但这已是不能改变的结果。事实上，比彻等人对居家舒适问题再思考的正确性，经过近 50 年来世事的发展已能充分证明。住宅仍然是一个工作地点；即使职业妇女的人数增加，或夫妇开始共同分担家务，也都不能改变这项事实。

---

* 曾经写过几本书的凯瑟琳·比彻，也是美国第一所女子学院的创办人；这所学院于 1821 年成立于康涅狄格州首府哈特福德（Hartford）。莉莉安·吉尔布雷斯不仅职业生涯多姿多彩——她是工业工程师、顾问，也是作家——并且育有子女 12 人。克里斯汀·弗雷德里克在二三十年代，就消费者事务问题广有著述，并巡回各地发表演说；在遭到会员纯为男性的广告协会（Advertising Club）拒绝入会之后，她组建了美国妇女广告协会（Advertising Women of America）。

在今天的现代家庭中，我们视为理所当然的许多事，例如房屋规模的缩减、工作台的高度适当、重要用品合理的摆放位置、储藏室良好的空间规划等，其实都源于这个时代。如今，任何人皆可在厨房料理台边轻松工作，或从洗碗机中取出碗碟，并随手把它们放在上方的橱架上，或只需一个小时就能做完全家的清洁工作，而这多少都得拜这些家庭工程师所赐。

第八章

风格与实质

插画说明：莫里斯·杜弗兰，《贵妇的卧室》（*Chambre de Dame*，1925 年）

"房屋是一个让人住的东西……安乐椅是一个让人坐的东西……"

——柯布西耶,《迈向新建筑》

(*Towards A New Architecture*)

大家可能会认为，出现在 19 世纪末 20 世纪初的许多有利于生活舒适性的发明，一定对家的面貌造成重大冲击，奇怪的是实际情况并非如此。虽然为便利家务工作的进行，房屋的设计已经越来越重效率，并且为了提升家务工作效率，家用机械化装置的数目也越来越多，但家的外在装饰大体上仍然维持不变。倒不是说装饰仍与过去没有两样，而是装潢纵有改变，原因也是时髦与流行品位，而与科技丝毫无关。虽说也有例证显示煤气灯以及后来的电灯对室内装饰造成的影响，但较为明亮的室内之所以蔚为时尚不是因为科技，而是因为受到北欧风格的影响。这种风格主要强调的是阳光而不是电气。在毛汉姆与埃尔希·德·沃尔夫这些室内设计师的鼓吹下，以全白为主调的房间曾一度风行，原因除时尚以外，实在也找不到其他解释了。

事实上，家饰外观也没有改变的理由。机器或者装有机器的房屋，外观应与它们在工业时代以前的不同，其实是一种现代才有的观念。正因为所谓"形式随功能而定"（源于美国建筑师路易斯·沙利文）这句名言太常为人引用，我们很容易忘记它其实是一句口号，而不是一项规则。19 世纪的实情充分反驳了这句话。维多利亚时代那些无论如何都称得上伟大的

213

工程师，虽然是首先将进步理念发扬光大的人，但这群人从不认为有必要发展所谓的工程美学。蒸汽船、火车与电车，都是非常杰出的发明，但这些发明的内部装潢却总是予人一种似曾相识之感。轮船上的包厢像极了丽兹酒店（Ritz）的套房。火车车厢也设计成小客厅的模样；有钱的商人有专用火车包厢，包厢内部装潢包括壁板、安乐椅以及饰有流苏帐帷、气派豪华的吸烟室。电车也承袭过去马车所使用的视觉语言与装饰。虽然一般人也会因仰慕帕克斯顿的水晶宫，而在自己家中用铸铁与玻璃搭造暖房，但这种以实用为目的的建筑，对房屋其他部分并不构成影响；他们不会像19世纪初期的建筑师一样，因此使用玻璃建造整栋房子。

当时理所当然地认为，房屋的内部就像外表一样，应以一种能代表特殊时代意义的风格加以装饰。当然在那个时代，这种想法就像现代人打领带（领带的前身是17世纪的蕾丝领巾）一样不足为奇，因此在历史上也就没有什么特别之处。18世纪的古典主义（促成它的原动力，是一种对过去的极度好奇）已经被几种时代风格取代；到1820年以后，一般人已经可以采用新洛可可式、新希腊式、新哥特式，以及任何中意的新风格去装饰他们的房间。这难免导致折中主义。主张风格纯净的人士自然因此感到不快，但富于想象力的建筑师与室内设计师（这时他们已是两个不同的专业）却因而能在不同风格的推动、诠释中，甚至在彼此的结合过程中，享有较大的发挥空间。

有位历史学家曾将并存于 19 世纪的"创意性"复古与"历史性"复古进行区分。[1] 创意性复古并不在意历史正确性，只是运用传统主题与形式，而且通常具有高度原创性。例如美国在南北战争以前流行的法国古董风格，是三种路易王朝风格的混合产物，而且大家经常随意加以调整。此外，历史性复古的目的则在于或多或少、忠实模拟一种特定历史风格的外观。它们以学术性历史研究为依据，通常反映的不仅是对特定时代家饰的追思，也包括对那个时代习俗的仰慕。19 世纪 70 年代的殖民风格，与 20 世纪初期的乔治亚风格，都是历史性复古。但历史性复古出现得较晚，而且较为罕见；最早期的复古，例如新哥特式，则属于创意性复古。

19 世纪创意性复古风盛行的这项事实，对创新大有助益。既然形式不必随功能而定，只需根据传统，而且规范也不严格，那将煤气灯或电灯这些装置引进家庭也就不难。这些装置或以一种为人熟悉的形象呈现（煤气吊灯或电吊灯于是问世），如果不可能这样做，大家也会以一种"传统"方式对待它们。由于不必严格遵照历史原例，想做到这一点并不难。在通风管上嵌一片饰物，在浴盆边镶一朵花，如此一来这些设备便可以融入整体室内装潢。维多利亚时代的人喜欢依据老式、非机械性的品位装扮新装置，这种做法惹来后人许多嘲讽，这类批判后来成为许多探讨工业设计书籍的主要内容。但改革的脚步之

215

所以能在维多利亚时代进行得如此快速，应归功于时人不认为传统与创新之间存有任何矛盾。为今日收藏家视为瑰宝的那些装饰华丽的煤油灯、吊灯式的煤气灯以及精美的吊扇，每一件都令我们感叹：当时竟能将新旧结合得如此巧妙，而且还能如此优雅。无论有什么新发明出现，无论这发明多么与过去不同，维多利亚时代的人总乐意将它们纳入生活。

不过，时代风格也有一些难题。罗马式风格的房间，应以一种颓废而堂皇的方式呈现其壮丽；以哥特风格装饰的房间，理应予人一种沉思与忧郁之感。但对于标榜无仆妇的住宅来说，最重要的需求就是缩减房间的规模。由于大多数历史性风格原先的设计对象是大房子——大得堪称宫殿的房子——因此要将它们融入中产阶级在 19 世纪末建造的较小的房子，往往并不容易。适合小房间装饰的时代风格寥寥可数。即使路易十四风格的闺房与沙龙，也需要某种程度的活动空间；而洛可可式家具在设计之初，即意在通过齐整而宽广的环境加以呈现。有些人不理会这类问题，不管三七二十一地以宏伟手法装潢他们十分平庸的家；只是这么做通常达不到预期效果，反而往往有些荒谬。他们设计的"罗马式"浴室或"男爵式"餐厅，与原设计相比，真是惨不忍睹。

在小房间呈现历史性风格的难处，还不只局限于装潢而已。新古典风格强调的调和对称，很难在小房子中达成，即使建筑师本领再强，也为这无米之炊感到为难。房间数目如果不够多，空间效果即无法营造；房间本身如果造型不规则，加上设计目的在于效率而非效果，这些房间则几乎不可能以正确的古典风貌整合。乔治亚式设计讲究的正规与形式，也极不适合当时流行的那种较轻松的生活方式。19世纪末需要的是一种较亲密的家庭生活方式；荷兰人在17世纪曾建造过既温暖又舒适的小房子，如果有所谓"荷兰式复古"出现，倒是可以解决这个问题。一种不同于"荷兰式"，但并非与之无关的18世纪复古风格于1870年出现，有效率、无仆妇的小型住宅因而得以顺利发展。这项复古风格就是安妮女王风格。

安妮女王式设计的原创人，也是大力鼓吹这种风格之士，就是撰写实用指南《房屋建筑》的史蒂文森。史蒂文森认为，无论是新哥特式、新希腊式或新罗马式，都不适合住宅。他谋求的是一种较具居家意味的做法。他以非常宽松的尺度和17世纪英国家庭建筑为根据进行设计。史蒂文森设计的房子一般都用不涂灰泥的红砖建造，房屋外观通常不采用古典风格的精雕细琢，即使偶有装潢也是浅尝辄止。不过他设计的外观也绝不贫乏，因为它们包括各式开窗、天窗、烟囱、金属工艺、窗板以及凸窗，而这一切都以不规则方式安排，显示设计者无意强调对称与调和。史蒂文森称他的设计为"自由古典"，只是此一名称始终没有流行，大家都称它为"安妮女王"式设计。"安妮女王"这个名称并不十分符合历史正确性（安妮女王于1702年至1714年间统治英国），但话说回来，这原本也不是一种非常强调历史正确性的风格。这种不拘泥于历史的手法于是成为它的设计诉求，安妮女王式的住宅因而博得"魅力十足"与"生动有趣"的赞美，很快让社会大众心向往之。

安妮女王式住宅的内部装潢几乎完全将历史正确性置诸脑后。史蒂文森自己的住处名为"红屋"（Red House），里面不仅摆设当代家具，还有齐本德尔式、洛可可式与18世纪荷兰式等各式家具。安妮女王式室内设计的目的，在于尽可能地以"艺术"的方式将18世纪与19世纪的家具混为一体，以营造一种生动的效果。基于这种意义，安妮女王式房间展现的，"主要是一种处理，而不是风格的和谐"。[2] 虽说这么做难免导致室内拥挤，但与较严谨的历史性风格相比，这能使屋主享有大得多的运作自由。安妮女王式风格的另一优点在于设计。由于这种风格崇尚不规则，房间可以依照屋内进行的活动而设计，可以有不同的造型与大小，可以依据不同的方式结合，天花板的高低也能各不相同。炉隅、窗椅以及凹室的使用，更增添了房间温馨与轻松的气氛。这绝不是说安妮女王式是一种功能性风格，它的灵感多在视觉方面，但在无意之间为较小、较有效率的房屋设计开启了方便之门。同样偶然的是，由于安妮女王式房屋的主要建筑特色是有许多漆成白色的小格窗，室内色调也较过去明亮。

一种类似安妮女王式的建筑风格也在美国出现，历史学家文森特·斯库利称这种风格为"木瓦风格"（Shingle Style）。

受到早期殖民风格住宅建筑的影响，纽约建筑公司麦金·米德·怀特公司（McKim, Mead, and White）在东海岸建了几栋华厦，以推广木瓦风格。这几栋建筑纳入了许多安妮女王式的特色，包括不规则的山形墙、屋翼、窗户以及门廊等，但它们一般为木造建筑，而且以木瓦覆盖。尽管这种设计在一开始以大房子为对象，但事实证明它的设计手法极具弹性，各项特点也能适用于小房子，例如科德角（Cape Cod）小屋。最后，木瓦式不再只是一种风格，而逐渐成为美国郊区特有的风情；装潢程度视屋主预算的多寡而定，有时使用木瓦，有时不用木瓦，有时富丽堂皇、令人赞叹（例如青年建筑师赖特的作品），而所幸在大多数情况下都比较平实、质朴。

随着安妮女王与木瓦风格的流行，如何设计出令人满意的小屋的问题解决了。克里斯汀·弗雷德里克在《家居工程》中作为示范的那栋位于芝加哥的房子，采用弹性设计，使大小不同的房间能视功能与需求而结合，这样的方式即源于木瓦风格。它的炉隅与凹室设计、不规则的门廊与各式尺寸不同的窗户，处处透着一种经美国感性过滤而呈现的安妮女王风格。这栋房子代表着那个时代房屋的典型；在那个时代，为充分利用家居生活科技所提供的种种舒适与便利，房屋的设计都以效率挂帅。但同时，它的内在样貌则与过去并无太大差异。有些房间的样貌改观了——其中尤以厨房与卧室的改变最大——但客厅仍然维持着大家熟悉的那种暖烘烘的气氛。壁炉不再是一种功能必需品，但仍然象征着家人的围炉之乐。历史性装潢因为大多数人无力负担而简化了，但它们的痕迹依旧存在。古典风格的长柱支撑着门廊；依稀带有乔治亚式意味的壁板，为餐厅增添了些许优雅；装饰华美的灯具照耀着厅堂。房间尽管在规模上大幅缩小，但由于融入了 17 世纪小屋的许多特色，例如窗座、凸窗、室内玻璃门等，再加以电灯、中央暖气与各式各样新式家庭用品的应用，居家舒适的目的因而达到了。

我们就快要谈到现代家庭了。20 世纪以前，舒适一直是一种逐步演进的过程，甚至在电气与家务管理问世之后，这项过程仍然不受干扰地持续着。仆人的消逝与小型住宅的重现，没有影响到它。收放自如的它，不仅吸收了新科技，也融入了新的生活方式。但这项过程即将出现一大转折，舒适将会打破创新与传统之间的平衡，大幅改变室内装潢的外观。

1925 年夏，在法国举行的现代工业艺术装饰国际博览会是在巴黎市中心区的一场盛会，会期达 6 个月。与早先几次博览会不同的是，这次大会只有一个主题，即装饰艺术，而大会的目的就在于展示家具与室内装潢的最新概念。不止 17 个欧洲国家参加这项博览会，其他与会国家还包括日本、土耳其与苏联。引人注意的是，德国与美国没有与会（德国基于政治理由未获邀请，美国何以缺席则一直未有解释）。室内装潢成为如此大规模的国际博览会的主题，还是史上第一次（事实上也是最后一次）。1925 年的这次博览会并没有出现单一的特别伟大的建筑物——没有水晶宫（Crystal Palace），也没有埃菲尔铁塔。在从荣军院（Invalides）跨越塞纳河一直到大宫殿（Grand Palais）广达 30000 平方米的博览会场中，展出的作品包括近 200 栋建筑。举办这项博览会的目的，是重建法国作为欧洲室内装潢领导人的地位（当时在欧洲室内装饰领域占据首位的是奥地利）。此外，除代表各参展国的建筑物以外，著名制造厂商与法国几家最大的百货公司还建有特别的展示馆。陈列在这些展示馆的项目，包括室内摆设、家具、陶艺、玻璃、印花材料、地毯、壁纸与铁制工艺等。

在这项博览会中，风头最盛的无疑是法国的“成套家具设计师”（ensembliers），即大师级室内设计师。在这些设计师中，名气最响亮的首推雅克－埃米尔。他是一位家具设计师兼制造商，在这次博览会中建有自己的展示馆，名为“收藏家的府邸”（Hôtel du Collectionneur）。这间展示馆描绘的，是一位富有的艺术品收藏家住处的形貌，其中展示的都是当代艺术品，包括许多法国最著名艺术家与工匠制作的彩漆壁板、雕塑、玻璃吊灯与熟铁工艺品。这些艺术精品结合雅克－埃米尔设计的家具，将展示馆装饰得极尽优雅。主沙龙的主色调为紫色与蓝色，通过高窗采光，配上层层叠叠、直泻地面的薄纱窗帷，更显仪态万千。颇具君临天下气势的，是那座鼓型、玻璃珠饰成的巨型吊灯。悬挂在桃花造型的大理石壁炉上方的是让·杜巴斯的画作《长尾鹦鹉》(*The Parakeets*)，这幅画以灰黑与蓝色为主的色彩设计，再加上一抹鲜绿，成为众所瞩目的焦点。座椅与沙发以博韦（Beauvais）的绣锦为饰。镶嵌在家具上的一片片象牙与亮铜饰品，与马卡萨（Macassar）黑檀木的乌光相映生辉，如同偶尔出现的镀金装饰一样，使这个原本气氛极为严肃的房间明亮、活泼很多。雅克－埃米尔的展示馆被公认为现代设计的典范，当这项博览会精选展品的巡回展第二年移往美国，在纽约大都会艺术博物馆以及另外 8 个大城市展出时，展品中最吸引人的就是"收藏家之屋"。[*]

这项博览会展出的室内装潢，都是登峰造极的视觉飨宴。为著名的巴黎老佛爷百货商店工作的成套家具设计师杜弗兰，设计的参展作品《贵妇的闺房》就是其中一例。以下是当年一位英国记者在感叹展品之美时写下的一篇报道："他通过天花板上一片椭圆形的凹壁照亮这个美丽的房间，这片凹壁以淡黄褐色勾勒出波纹线条的造型。床正对面的一面大圆镜散发着清澈而柔和的波光，营造成一种照明的装饰效果，这是尤其令人赞赏的一项创意。《贵妇的闺房》就是能将柔和的线条与优雅的气氛调和得如此天衣无缝。我们饱览秀色的目光于是来到凹

---

[*] 这项巡回展对美国的室内设计影响既大且深；1933 年完成的纽约无线电城音乐厅（Radio City Music Hall）的室内装潢，就像极了雅克－埃米尔的沙龙。

室处那座 30 厘米高的台座。凹室本身以放射、喷雾状的银饰作为壁饰，强烈凸显女性主义的决定性主张。我是不是忘了提那张覆盖了半间房地面的巨型白色熊皮？熊的口鼻部位结着饰有流苏的银色粗绳索。看到这里，不禁令人冥想，当贵妇那只粉嫩的玉足优美而轻柔地踏入这头巨兽厚实的毛皮时，不知会是什么情景？"[3]无论是杜弗兰的香艳的闺房，或是保罗·佛劳特以较严肃的金色与黑色为主设计的图书室，法国室内设计师的装潢风格都类同得惊人。有一位历史学家曾称这种风格为"爵士－现代"风格。这种风格后来终因这次博览会本身而得名——装饰艺术（Art Deco）。

装饰艺术是一系列创意性风格中的最后一项，这些风格就历史意味而言，每一项都不及前一项。英国人发展所谓的英国小屋风格，从而在英国展开了艺术与工艺（Arts and Crafts）运动；而英国小屋风格与安妮女王风格一样，也以早先的住宅建筑为基础，不过在室内装潢方面比安妮女王式更加自由、更加具有创意。小屋风格随后促成了创意更强的新艺术（Art Nouveau）风格。尽管在英国与美国都有先例，但新艺术风格首先出现于布鲁塞尔；它是一种未遭历史影响、诠释得很好，也很有创意的风格。新艺术风格仅从 1892 年持续到 1900 年，在不到 10 年之间，它以各种名称散播到欧洲各地：青年派（Jugendstil）、自由派（Liberty）、花派（il stile floreale）与现代派（Modern Style）。经由新艺术风格装潢的房间具有以下几项特色：以自然的形式为装饰主轴；整齐、不零乱；家具、织品与地毯的风格一致。它之所以这么快就销声匿迹，原因不详：或许它考究得过度，让人厌烦；或许它过于十全十美，而且发展得过于完整，无法进一步发展；又或许它的"颓废气息"（普拉兹的用词）在一开始即已注定了覆败的命运。无论如何，新艺术风格鼓舞大家进行进一步的实验，并且封闭了（或者是，似乎封闭了）时代性装潢的大门。新艺术风格最后传至维也纳时（在维也纳，它的名称是分离派［Secession style］）舍弃了许多强调花饰的特性，拜约瑟夫·霍夫曼等几位设计师所赐，它有了较抽象、较具几何图形意味的外观。

装饰艺术风格在国际博览会期间引起大众瞩目，不过这项法国风格早在博览会以前已经出现。促成这项风格的，是俄罗斯芭蕾舞团于 1909 年访问巴黎的盛事。里姆斯基－科萨科夫的音乐与尼金斯基的舞蹈，固然在巴黎社会造成极大反响，但利昂·巴克斯特那种以感觉为诉求的装饰手法与舞装，同样也令巴黎人看得如痴如醉。它们有浓郁的异国情趣，而且做作夸张，与巴黎人惯见的事物大不相同。在看完芭蕾舞剧《天方夜谭》（Sheherazade）之后，保罗·波烈等设计名家纷纷推出羽饰头巾、彩色长丝袜、女裤与其他东方流行服饰；这样的设计既富魅力又性感迷人，结果大获全胜。巴黎现代芭蕾舞团演出所着的层层密密的长裙为轻巧的薄裙取代，紧身褛也被直线的鸡尾酒会礼服（后来变得很短）与小胸衣取代。如同往昔，服饰影响到装潢。金缕之衣需要适当的环境来搭配，精巧有趣的小屋或一丝不苟的维也纳分离派风格都不适合东方服饰。较宽松、较自由的穿着营造出一幅较舒畅的画面，大家于是开始闲逸地倚卧在松软的靠垫上。波烈于1911年，比拉尔夫·劳伦早半个世纪有余即展开了他自己的室内装潢业务，并且将他的服饰特有的那种倦怠无力之感延伸到房间本身。装饰艺术风格于是诞生。

第一次世界大战结束后，沐浴在20世纪20年代醉人气氛中的装饰艺术风格日趋茁壮，终于成为首要的巴黎风格。自问世以来，装饰艺术总是带有一丝罪恶气息，这时，这一丝意味开始变本加厉。装饰艺术继续受舞蹈影响，不过这时影响它的是约瑟芬·贝克的娱乐歌舞，情欲横流的探戈以及黑臀舞（Black Bottom）。装饰艺术风格的公寓一直是一种都市风格，故而总带有一股狠劲，这时又受非洲情怀影响，连斑马皮、豹皮以及热带林木也融入设计。

到1925年，人们已经理所当然地认为，不必特别考证任何过去事例也能设计出舒适的室内环境，至少法国的情况如此。巴黎国际博览会的主办当局曾明确表示，绝不容任何历史时代性室内装潢参展，一切展品必须是"新而现代"的。主办当局认为，为举行早先一次博览会而仅仅于25年以前建造的大王宫，有必要将内部重新装潢，以隐藏其新古典主义的装潢风格。但雅克－埃米尔与杜弗兰的现代主义并不构成对过去的否定，在他们的作品中，喜悦与舒畅之情依旧显露无遗，精巧的工艺与丰美的材质仍然是作品主轴；尽管已将装饰重点从图饰转移到几何图形，他们仍然强调装饰的手法。过去室内装潢的几项要素如吊灯、横条墙饰、壁板等依然存在，只不过通过另一种不同的美学手法而呈现。装饰艺术风格对科技也不漠视。灯光照明是成套家具设计师极为重视的要项。艾琳·格雷为巴黎时装设计师苏珊娜·塔波特（Suzanne Talbot）设计了一个店面，整层地板都以银色不平滑玻璃材质建造，采取由下而上的照明方式。雅克·杜南的博览会参展作品无窗吸烟室，有一个梯状的银色天花板，将电气照明与通风装置都隐藏其中。设计师兼工程师皮埃尔·查里奥以一间书房兼图书室参展，作品顶部用棕榈木构成一个圆顶，夜间可以将圆顶打开，露出用数层白色厚玻璃建成的、有灯光照明的天花板。查里奥在 3 年以后，建了一栋著名的玻璃屋"玻璃之厦"（Maison de Verre）。另一位极富创意的设计师罗比·马利特－史蒂文斯，也曾以灰绿色多层玻璃散光为光线增添色彩。装饰艺术比当时所有其他设计风格都更能欣赏现代材质与装置之美；对装饰艺术设计师而言，科技是有趣的事。

拜这次国际博览会所赐，极多人见识到了何谓装饰艺术。像安妮女王风格一样，这种新风格也没有那些学术性的矫饰，并获得了社会大众的喜爱，只有前卫派艺术家与知识分子例外。传统主义者也不喜欢这种风格，美国一位批判家就提出以下警告："它不适合钟情于枫树与松木的人士，与喜爱棉花与马鬃之士的品位也无法搭配。它使人无法挣脱美国殖民风格的束缚以进行更深远的探讨。"[4] 装饰艺术之所以吸引人，部分原因在于它特有的灿烂气氛。这种新风格的主要赞助人是雅克·杜塞、让娜·朗雯与苏珊娜·塔波特这类富裕的设计者。他们自然负担得起纹理剔透、雪花石膏制成的灯饰，以青金石为壁的餐厅，或镶有鲨皮饰物的家具；这些灯饰、餐厅壁饰与家具都在巴黎博览会中展出并赢得激赏。虽然有些批判之士也说，"这些玩意只是特权阶级的专利"，但大多数人都接受装饰艺术呈现的富丽风格。为终止一切战争而进行的世界大战已经结束而且被人淡忘，战后的繁荣正全面展开，这种爵士－现代风格似乎来得恰到好处。这次巴黎博览会被公认为一大成功。这项"现代中的现代"风格有时似有些怪异，经常还带着异国色彩，但大家都同意它是时尚。

虽然连查里奥与马利特－史蒂文斯这些进步派设计师的作品也能为人接受，但现代主义的品位仍有其极限。美国杂志《建筑记录》(Architectural Record) 刊出的一篇批判文章指出："尽管它们标榜的是单纯与理性，但许多例证显现的却是冷漠、黯淡，甚至是荒谬。"[5] 在这次博览会的参展建筑中，争议性最大的无疑是苏联馆。苏联馆的设计采取了当时盛行于这个革命缔造的新国度的构成派风格，它以不上漆原木呈现的古朴与几何图形外观使许多观众震撼不已，而这也正是苏联馆设计的原意。有人说（此说颇为可疑）工人在博览会场建苏联馆时，误将陈放展品——从苏联运到法国的木箱本身当成展品，于是造成苏联馆如此惊人的古朴外观。[6]

距苏联馆一箭之隔的是一家小型艺术杂志（当时巴黎有许多这样的杂志）的展示馆。这个展示馆称作"新精神"（Esprit Nouveau），这也是这家杂志的名字。有一位美国记者曾写道，某些参展设计展现的，是"冷冰冰的库房所代表的那种贫乏单调"；或许他指的就是这个"新精神"展馆。[7]他的这项指责也并非全无道理，因为这个展馆大体上像一个箱子，它平淡无奇的外表是一片白色，只在一面墙上漆着两个 6 米高的巨型字母——EN。博览会当局发行的官方刊物称这间展示馆是一个"怪物"，并且保证说，尽管外观怪异，但这绝不是来自外星球的东西。[8]不过对大多数人而言，这间展馆似乎引不起他们的兴趣。苏联展馆"奇特的斯拉夫式概念"引起了极大注意，但涌往苏联馆的人潮中几乎没有人愿意停下来瞥一眼"新精神"馆。当时美国与英国的建筑媒体不断以极大篇幅报道这项博览会，但在这许多报道中没有一篇提到这间展馆的名字。只是事实证明，这间众人不屑一顾的展馆，在家居生活发展过程中所具有的影响力，却尤胜于所有那些比它声势大得多的参展作品。

设计这间展示馆的，是珍妮特的堂兄弟查尔斯－爱德华与皮埃尔。查尔斯－爱德华是《新精神》杂志的总编辑，后来以笔名柯布西耶声名大噪；有人誉他为 20 世纪最著名的建筑师，但以他这样一位人物所设计的建筑物，何以如此遭人忽视？出生于瑞士的柯布西耶并非默默无闻之士，他在巴黎住了 8 年。他与画家费尔南德·莱热发起了一场称为"纯粹主义"的艺术运动；此外，尽管他的建筑作品很少，但通过他的杂志、几次展览，以及后来的著作《迈向新建筑》一书，他的理念广获社会大众回响。根据柯布西耶本人的说法，新精神展馆之所以为人如此漠视，是因为遭到博览会主办当局的合力破坏。*他的这项解释广为人所接受。但比较简单的理由是，大多数人对所谓新精神产生不了共鸣。

来到这间展馆参观的人，会发现展馆内部与外观一样，既单调又没有完成。它没有摆设饰品、没有帷帐，也没有贴壁纸。里头没有陈列家庭照的壁炉架，书房中也没有装置壁板。屋内看不见磨光的木饰，更别说什么青金石饰品了。馆内的色调很突兀：墙壁主要是一片白色，与蓝色的天花板构成强烈对比；客厅有一面墙漆成了褐色；用作隔间的储物柜漆成了浅黄色。这一切给人一种不舒适的感觉；再加上那座楼梯给人的印象就更恶劣了，它用钢管建成，看起来仿佛是直接从一艘船的

---

* 柯布西耶说，主办当局在新精神馆四周建了一道 6 米高的墙以藏匿它。不久以前取得的证据显示，这道墙的竖立其实另有用意。原来新精神馆的施工，由于最后关头出现的财务困难，直到博览会开幕前一天晚上才终于展开；博览会主办当局为遮掩施工现场的脏乱而不得不建了这道围墙。这项施工进行了 3 个月。[9]

锅炉室中拆下来的一样。窗框也呼应着这种工业气氛，采取所谓工厂窗框的风格，使用的材质不是木质，而是钢。房间空间的安排也很奇特：厨房是最小的一间房；而同时也作为健身房使用的浴室，大小几乎与客厅相仿，有一整面墙完全用玻璃砖建造而成。更令人吃惊的是家具。这些家具不仅寥寥无几，而且似乎有意做得暗淡无光：两把看不出妙处的皮制扶手椅；几把在一般大众餐厅随处可见、极普通的无扶手座椅；几张用木板架在管状钢框上做成的桌子。如果说爵士－现代风格是一种乐章，则新精神只是一种用廉价哨子吹响的，只能发出一个音色的调子。

虽说经费确实带来了一些问题，但馆内装饰之所以简陋至此倒不是经费不足造成的，这是刻意营造的效果。这么做也不是为了存心吓人。柯布西耶在展馆中表明他的计划，扬言要将巴黎市中心区夷为平地，并代之以 60 层高的摩天楼。这项计划只能当作大话一句，自然当不得真。但新精神并非玩笑，在随后 5 年，柯布西耶一连建造好几栋别墅，这些别墅的室内装饰严格遵照那栋"冷冰冰的库房"的设计模式。诚如法国一位独具慧眼的批评家所预见的，仅在 5 年以前还为人耻笑的"新精神"构想，到 1930 年已逐渐在室内设计领域占领上风。[10]

新精神的组成要件究竟是什么？首先，必须完全弃绝装饰的艺术。显然，这表示必须否定作为历史性复古风格特色的装饰。柯布西耶对这类装饰风格甚表轻蔑，曾称它们为路易 A、路易 B 与路易 C。新精神同时也意味着必须拒斥艺术与工艺，以及分离派这类创意性复古风格，甚至要避免装饰艺术派的抽象装饰手法。在舍弃这许多装饰做法以后，室内装饰不是所剩无几了吗？但那又有什么不对？问柯布西耶就知道了。你总还可以在墙上挂画吧。事实上，他设计的那间展馆就挂出了毕加索、格里斯与李普希茨等几位前卫派巴黎艺术家的作品。但家具又如何？柯布西耶厌恶布尔乔亚收集家具的习惯，曾挖苦他们，说他们的家仿佛"家具的迷宫"；但他也承认有些家具有其必要性，例如桌椅。不过对于家具问题，柯布西耶也有答案：新精神风格的住宅不再有"家具"，它们有的是"装备"。他写道："所谓装饰性艺术就是装备，美丽的装备。"[11]

唯有那几个仿佛档案柜的金属储柜，是特别为参展而由一家办公室装备制造厂商制作的。由于经费与时间都不足以设计原件，柯布西耶必须使用现成家具。他原可以随意使用任何大量生产的廉价家具，但结果他在室内选用了用弯木做的餐馆用椅，在展馆外的平台则使用了巴黎公园中常见的铸铁椅。他将实验室的瓶子作为花瓶，用小酒馆使用的廉价玻璃杯取代精致的水晶器皿。展馆中没有吊灯或装饰性灯具，有的是聚光灯、装在墙上的橱窗照明用灯，或是光秃秃的灯泡。

在绝大多数访客眼中，那些钢管制作的栏杆以及餐馆用

231

的家具显得粗糙而简陋。在他们看来，小酒馆用的廉价酒杯或工业用照明设施全无吸引人之处。展馆中空洞的白墙既无趣又令人厌烦，那些刺目的颜色与工厂的成品似乎令人感觉冷漠且缺乏人情味。那间高挑的客厅配上那扇极大的窗户，就像一间工厂或艺术家的工作室一般；它那些简朴的家具以及明亮的涂饰，比较适合一般商业机构，而不适合住宅。*狭窄的厨房仿佛一座小型实验室。在这项为装饰性艺术而举行的博览会中，柯布西耶的展馆在大多数人看来却既无装饰，也无艺术可言。

所以采用如此激进的改变，是否如柯布西耶所说，为的是因应"新机械时代"的需求？他在参展两年以前发表的《居住手册》（"The Manual of the Dwelling"）中，曾向有意置产的人提出建议。[13] 令人称奇的是，建议中对家居科技几乎只字不提。"居住手册"中没有谈到取暖问题，通风问题也一笔带过。他只是主张每一间房都应该开窗，此外再无任何有关机械范畴的建议。他建议将厨房设于房屋顶端以避油烟，但这项建议既古怪又不切实际。至于家用器具，他所提的最高明的主张，不过是使用真空吸尘器与留声机而已，而这些东西实在算不得是什么革命性装置。对于电气管线与灯具位置便利与否这

---

* 柯布西耶设计的那间两层楼高的客厅通过一扇大窗照明，可以从一处高阁俯瞰全景。据他说，设计这间客厅的灵感来自巴黎一家卡车司机聚集的咖啡馆。柯布西耶后来在许多房屋作品中重复使用这项设计。[12]

类技术性细节，新精神展馆显然并不在意。柯布西耶最著名的一句话就是"房屋是一个让人住的东西"，但就纯机械视角而言，新精神展馆并没有展现什么新意。

但为解决现代居住的问题，柯布西耶努力不懈。他质朴的展馆也因而与装饰艺术名师们设计的那些奢华家饰大异其趣——他的如此奋战，终使人不得不表同情。无论做法多么拙劣，他都设法使住宅成为一个较有效率的地方；他意图解决的是日常生活的问题，而不是如何装饰得神秘且近乎过时的问题。就这方面而言，他的见解与几位美国室内工程师提出的许多目标不谋而合。像弗雷德里克与吉尔布雷斯一样，柯布西耶也曾研读泰勒有关科学管理的书，不过他似乎只将泰勒的理念应用于房屋的构筑，而未用于家务工作本身。[14] 他提升室内效率的做法或许显得粗糙，但这也显示出美国的室内设计较之欧洲要先进得多。他在展示馆中以"新"构想的姿态，展出结合式客厅、内置式橱柜、淋浴浴室与隐藏式照明等设计，但这些设计早于数十年前已开始在美国家庭普及。艾伦·理查兹当年曾写道："作为一个家，房屋只是一件穿在外面的衣服，应该像衣服一样适体，不要露出皱纹、褶痕等成衣的特性。"20年以后，柯布西耶说："如能拥有一栋像打字机一样有用的房屋，屋主也足堪自豪了。"[15]

但两人在比喻的选择上有显著不同：理查兹选的是衣服，柯布西耶选的是机器。工厂实施科学管理的目的，在于找出有效率与标准化的工作程序。当家庭工程师将这些科学管理理论应用于家庭时，他们发现家庭生活的活动比工厂活动更复杂，更涉及人性。他们同时也察觉，"正确"的行事办法其实不止一个，他们的目标就在于协助大家找到适合自己的解决办法；理查兹之所以将房屋视为替个人量身定做的衣服，原因即在于此。莉莉安·吉尔布雷斯设计的流程表与微动复写表，意在使家庭主妇能根据她本身的工作习惯组织家务。她一再告诉她的读者，家居生活的设计并无理想的解决之道；厨房料理台的高度必须视主妇身高而定，家用器具最有效的设计随家庭不同而异。她为居家生活设计的改善提出几项规则，其中首要的两项规则是"以便利而不是以常规做法为指导原则"，"考虑你家人，包括你本人的个性与习惯"。[16]

吉尔布雷斯所谓的"标准"，指的是每个家庭为它本身决定的个别规范；必须在这些规范确立以后，才能运用科学管理科技以找出最有效地达成目标之道。不过，对柯布西耶而言，标准是来自外在、施加于人的东西。根据他的看法，人类的需求具有普遍性，可以制式化；也因此他提出的解决办法具备典范性，并非因人而异。他认为家是一种大量生产的物品（如打字机），个人应该配合家而自我调适。设计师的职责在于找出"正确"的解决之道，一旦找出解决办法，大家必须自我调适以资配合。依照柯布西耶之见，最理想的家具是办公室家具，因为它们像打字机一样，都以"原型"为基础；此外，通过量产手

234

段，办公室家具可以反复大规模生产。在这次博览会刚结束后发表的一本书中，他举出一个室内装潢范例以说明这个观念。他举的这个例子，是设于塔斯卡卢萨的城市 – 国家银行。在这家银行，所有办公桌椅，搭配完全统一的电扇、电话、台灯与打字机，都一个接一个、整齐地排列着。[17]

标准化的概念或许适用于银行，但面对家庭生活种类繁多而且复杂的活动，它显得滞碍难行。基于这个理由，柯布西耶有关室内设计的理念，不若家庭工程师的理念精密。新精神展示馆展出的那间狭窄的厨房里，料理台的空间小得不能再小，不仅设计构想欠佳，它与餐厅的联系也不便利。开放式的书房会因嘈杂而变得不切实际。唯一可以因标准化而获利的一间房是浴室，但柯布西耶在这里进行精雕细琢，导致标准化之利全失。尽管柯布西耶崇尚效率，但他的这项设计不仅不是一栋"无仆妇的房子"，甚至算不上是小屋。除了庞大的户外平台之外，这栋有 3 间卧室的房子总面积达 2511 平方米。这比比彻设计的模范屋大了两倍有余，比霍尔斯特的"效率屋"也大了许多。"效率屋"包括 1 间家庭活动室、4 间卧室与 2 个厅，而且它先于柯布西耶 15 年设计完成。

柯布西耶与家庭工程师们，在面对有效率住宅应呈现什么样的外观的问题上，意见也有分歧。理查兹、弗雷德里克与吉尔布雷斯几位，对于住宅外观无疑抱持实用的态度，她们关切的是功能而不是外表。她们理所当然地认为，一般人总喜欢以他们自己的方式装潢他们的房子，因此武断认定一种装潢胜过另一种，这于理不通。吉尔布雷斯强调色彩在工作室的重要性，但她又说，这只是一种个人的选择，而且好恶因人而异，某人之好可能为另一人之恶。弗雷德里克曾建议以较廉价的"现代"维也纳式风格作为路易十四风格的代用品，但她对此未加坚持，并且也讨论了殖民式与其他复古风格。她们都不认为传统装潢与有效率的家务管理两者之间有何冲突，她们的说法之所以能获社会大众肯定，原因也正在于此。

而这正是柯布西耶与家庭工程师们分道扬镳之处。就某种意义而言，他仍然是一位为了风格而奋战的 19 世纪建筑师。新精神的意义正在于此：它是一种新风格，一种适合 20 世纪、适合机械时代的风格，一种为谋更有效率的生活而设计的风格。他的作品不只是一栋现代房屋而已，它也是一栋看起来现代的房屋。尽管柯布西耶在实际作为中往往表现得并不明显，但他确实强调家庭生活效率的重要性，这一点他对了。但是在效率对房屋外观影响的问题上，他错了。决定家务工作效率的，不是室内装饰的形貌，而是家务工作的组织情况。如果厨房根据科学管理原则而设计，只要用品摆放位置得宜，彼此间隔不致过远，则橱柜采取的是殖民式装潢，或是采用花朵造型的瓷质把手，其实无关紧要。如果使用人觉得花纹砖或明亮的窗帘比较令他们舒适或使他们精神较佳，那也是一种效率。房屋之所以"现代"，并不是因为它没有贴壁纸，或没有加上花饰，而是因为它拥有中央暖气系统与便利的浴室、电熨斗与洗衣机。绝大多数建筑师并不了解或不愿接受家用科技与家务管理的进步，因而迫使整个建筑风格的问题退居从属地位，柯布西耶也不例外。

第九章

节约

插画说明：马歇·布劳耶，瓦西里椅（Wassily Chair，1925—1926 年）

……我们共享曾是化妆室、20 年前改为浴室的房间。原来摆在这里的床移走了，搬来一个铜质的、以红木为边、颇具深度的浴缸。每当为浴缸加水时，我们必须使劲拉一个重得像航海机械一样的黄铜杠杆。房间内其他摆设则维持原貌。在冬季，房里总是烧着一个煤炭炉。我经常想到那间浴室——那几幅因蒸汽而迷蒙的水彩画，还有那条挂在印花棉布扶手椅椅背上用来保温的大毛巾——将它与现代世界中那些单调一致、不具主观感情的小房间相比；铬制的盘碟与玻璃镜在这些小房间闪烁生辉，而这些就是现代世界的豪华。

——伊夫林·沃，《旧地重游》

（*Brideshead Revisited*）

当安吉洛·东希亚（Angelo Donghia）应拉尔夫·劳伦夫妇之请，为他们在纽约的住宅进行整修时，这位讲究时尚的室内设计师心想，身着李维斯牛仔裤、注重舒适，同时又是范德比尔特（Vanderbilt）装创始人的劳伦，一定希望把自己的家打扮得像"哈佛俱乐部"，或者像"一个非常华美的大农场"。[1]出乎他的意料，也使我们大感讶异的是，这两项猜测都错了。在经过整修以后的这栋 10 间房的住宅中，我们找不到哪怕是一丁点的杂物、有图案的织物或印花图案——整个房间里连一丁点的涡纹花纹都没有。在这里，想找一张毛面壁纸或一块奥布松（Aubusson）绣帷一定是徒劳，它们根本全无踪迹。那一片光秃秃、漆有一层亮漆的地板，没有铺上毛毯或地毯；朴实的白墙也没有什么锦绣帐帷为饰。挂在窗上的，只是简单的竹帘。屋里摆着几个巨型盆景；家具非常少，而且没有一件是古董家具。厨房中最醒目的，就是一座带着商业气味的不锈钢工作台；视听室的焦点，则是一个皮饰的沙发几，里面装备着家庭娱乐系统的内置式控制板。一进浴室，立即映入眼帘的是一个极其朴素、如实验室工作台一样的柜台，它看来仿佛大医院的擦洗室一般；当然，这里看不见水彩画，更别提什么印花棉布扶手椅了。沃一定会憎恶这样的房间。

劳伦这栋纽约住宅采用的装潢手法是设计师所谓的"看似简单",换言之,它看起来像是全无装潢一般。劳伦用鲜艳的花格布、轻软的薄绸、条纹细布打扮美国家庭;但在为自己的住处做装扮时,他选择了更加时髦得多的做法——极简装潢(minimal decor)。根据这种装潢风格订定的严厉规则,不仅必须将所有装饰性的建筑物件拆除,一切个人物品也必须隐匿不露踪影。灯具隐藏在天花板中,书本与孩子的玩具藏在橱柜中,甚至橱柜也藏在平滑、通常呈暗白色的门后。餐厅仿佛修道院中的膳房,厨房也一样显得空旷而贫乏,冰箱、炉灶、锅、碗、瓢、盆等等一概不见踪影。伦敦一位女性艺术品经纪商的住处,堪称极简装潢风格的极端。在这栋住宅中,连床都看不见;床是一卷棉铺盖,白天卷成一团收在柜里。在这栋房里,浴室原始得连架子与小柜都没有,女主人必须端着她所谓的"湿盒子"——里面装牙刷与肥皂——进浴室洗漱。这做法虽然显得很蠢,但女主人"欣然坚持这么做;因为这种纪律严格的生活方式纵有些不便,但为谋求高度精练的人生,忍受这一切完全值得"。[2]

时尚变化竟如此之大。1912 年,巴黎名设计师捷克·杜赛在卖掉收藏的 18 世纪艺术品,并购入立体派与超现实派的画作时,为陈列这些画作而委请保罗·艾里布(Paul Iribe)设计适合的新潮室内装潢。艾里布的设计成果灿烂辉煌,而公认的第一件装饰艺术风格的室内设计作品于是问世。艾里布后来为塞西尔·B. 戴米尔设计电影布景；当拉尔夫·劳伦追求时尚之际，他要的却是光秃秃的墙壁与几个盆景。60年前，伦敦那栋公寓的屋主，原应生活在银、黑两色精漆墙面与豹皮毯交织而成的天地中，就像艾琳·格雷为苏珊娜·塔波特设计的那种豪华风情一样。她应该裹着安哥拉毛毯，斜倚在"独木舟"式的躺椅上，不应用棉铺盖打地铺睡觉。

有人开玩笑地将极简装潢描述为"刻意炫耀的节约"。[3]这就像某些可以直接向制造厂订购的没有型号的豪华汽车一样，或像沙特阿拉伯政治人物在国际会议中穿着的民族服饰。它代表一种精微的派头主义，要以不落俗套的形式达到超凡脱俗；就室内装潢而言，它讲求的就是装潢而不是饰品。不过这也是现代人不喜欢室内摆饰过多的一个例子。每一个时代，有时甚至每隔十年，都各有其独特的视觉品位，就像各有不同的烹调品位一样。举例言之，美国人的饮食品位在20世纪70年代出现显著变化，口味从清淡的食物转为味道较重的菜肴，于是中国川菜与得州、墨西哥的菜肴逐渐流行。今天，所谓新食品已取代了大菜，大家的口味也似乎倾向接受较简单的饮食。室内装潢亦然；装潢主题与陈设物品的数目，以及视觉丰富与变化的程度，都随时代不同而各异其趣。

桑顿曾称这种室内装潢因时而异的性质为"密度"。[4]密度的涨跌起伏因时而异，就像时装、女人裙子与男人头发的长短一样，它根据眼睛能够接受多少装饰图形与饰品数量而定。

243

这不仅只是历史时代或风格的问题而已，因为即使同属一个时代风格，密度也会改变。1972年的英国新帕拉丁（Paladin）室内装潢风格，密度比20年后的同一风格浓厚。另一方面，到中期以后，维多利亚女王时代的室内装饰面貌，应该不像19世纪70年代那样摆满家具、饰品；如果采取的是安妮女王式风格，差异就更大了。1920年以后，大众品位出现决定性的改变，室内装潢的密度越来越低，直到20世纪70年代因极简装潢主义出现而达于顶点。据桑顿表示，从那以后，民众品位又明显改变，转而崇尚较华美、繁复的装潢，维多利亚风格再次引人注目即为例证。

"刻意炫耀的节约"——这是一个奇怪且矛盾的名词，它巧妙地描绘出现代装潢的相互冲突：大理石的厨房料理台与竹编窗帘；粉饰的灰泥板壁面与量身定制的橡木门；墙上挂着马蒂斯的画，地板上却摆着一张睡垫。如此营造的室内气氛一方面具有高度统一性，另一方面却又显出临时凑合的笨拙。这样的装潢可称为拙劣，不过是一种经过研究的、精炼而成的拙劣。那间浴室看起来与普通白瓷砖砌成的浴室没什么不同；仔细观察之后才发现它在设计之初经过精密盘算，使每一块砖都能无须切割、完整呈现。那整片橡木地板看来并不起眼，但每一块地板的长度完全一样。它营造的单纯气氛也颇具欺骗性；因为要设计出能够隐入墙壁的橱柜，或没有框架的门廊，不是容易的事。材料的接合必须极度精准；这种对完美的追求使住在里面的人也不敢大意，也难怪一切东西都得收拾起来。在这样的装潢风格中，不仅杂物遭到清除，所有懒散与人性缺失的迹象，甚至于设计本身也完全消逝无踪。

这项作为现代室内设计一个极重要的特性的清除程序，源起于维也纳建筑师阿道夫·路斯。他在1908年写了一篇引起争议的文章，名为《装饰与罪恶》。他在文中鼓吹放弃日常生活的一切装饰品，包括放弃建筑饰品与室内饰品。路斯认为，过去认为有必要的许多事物，已经不再能适应现代工业化世界。他认为装潢的冲动是一种原始崇拜心理在作祟，并以厕所的涂鸦与刺青等习惯为例说明他所谓的偏差性装潢。依照路斯的见解，饰品的"罪恶"在于耗费包括金钱与时间两方面的社会资源，而做出来的事物却既无必要，又老旧过时。

早在1904年，路斯设计的别墅已经采取质朴无华、白色灰泥的墙面，没有檐板的平屋顶，以及不见任何窗框或饰带痕迹的直角窗——这是第一批"冷冰冰的库房"。不过路斯是一位改革家，不是一位革命家；他反对的是饰品，不是装潢，所以他设计的别墅内部与外表完全两样。这些房间使用各种材质，有大理石刻制与镶木的细工，还有舒适的传统家具——他是齐本德尔风格与安妮女王风格的信徒。在路斯与他的维也纳客户心目中，布尔乔亚家庭应有的一切舒适，在他设计的房间中应有尽有。

路斯对饰品的激烈抨击（后来他为此感到懊悔），终于导致人们对传统价值的全面性质疑。由于他已为这项质疑奠定了道德根据，这项质疑很快取得发动一场圣战所需的辞藻与自我保证。对法国、德国与荷兰前卫派人士而言，除去饰品不过是开端而已，他们将路斯的理念改得面目全非，结果是他们设计的房子室内与室外同样一片白，同样空洞贫乏。所有过去的痕迹都被去除。如果饰品是罪恶，则奢华也是罪恶。不要使用丰富的材质，不再奢侈放纵，不再做作矫饰。不久以前，甚至连布尔乔亚阶级的舒适，都成为大家攻击的对象。壁纸、壁饰与壁板被不上漆的灰泥、砖块与水泥取代。越节约越好。墙壁毫无装饰，地板不铺任何饰物，灯光也单调刺目。

接下来，家庭生活概念本身也遭到攻击。大家必须放弃温暖舒适的享受，道德主义者非常坚持这一点。他们标榜的室内设计之所以既无凹室也没有炉隅，原因正在于此，这与路斯的设计大不相同。经常为客户提供高背温莎椅复制品的路斯曾说，任何东西只要实用就应加以运用，无论它多老旧。但在那些卫道士的眼中，布尔乔亚的家具就像布尔乔亚的饰物一样，也必须避免。他们因而不愿使用时代性家具，只使用商业性桌椅，或者设计状似工业装备的家具。* 也因此，他们将橱柜设

---

* 当国际博览会举行时，路斯住在巴黎。他当时是一家奥地利公司的代表，这家公司负责为新精神展馆供应家具。路斯早在 1899 年已经使用弯木椅，是使用这种家具的第一位现代建筑师，但他只是将弯木椅运用在咖啡馆，并认为柯布西耶以弯木椅作为家庭活动室室内家具的做法"很不成功"。

计成档案柜的模样，楼梯看起来也活像船上的梯子。他们在家庭形象中废弃布尔乔亚传统、除去亲密感以及深植人心的舒适概念，意图重新塑造家的形象。越是激进的建筑师，在这方面越是做得彻底。为了"不使我们沦为愚钝、习惯以及舒适的牺牲品"，必须采取极端措施。[6] 但是，这样一种似乎不可能的运动，而且至少从表面上看也是不受欢迎的运动，怎么居然也能成功？这个问题问得有理。这项运动是一连串意外、巧合与历史力量造成的结果。当新精神馆在 1925 年冷清清地被孤立于博览会场一隅，无人理会时，它揭示的显然是一个没有人喜欢的未来。只是，在那个时候，没有人能预见任何这些意外、巧合与历史力量。

在一开始，1929 年的股市大崩盘与接踵而来的大萧条，使装饰艺术风格受到重挫。绝大多数过去支持家具设计师的私人赞助人，不再有能力聘用这些设计师，不再买得起精美华丽的艺术品；那些有能力负担的赞助人，也宁可以较谨慎的方式花他们的钱。装饰艺术并未就此销声匿迹，1935 年下水的法国著名邮轮诺曼底号的内部装潢，采用的就是装饰艺术风格，不过它不再是一种家庭活动室内装潢的风格。无论如何，它对大多数人而言都太昂贵了。大型建筑物，特别是那些必须有公共诉求的建筑物，则仍使用这种装潢。由于餐厅、商店与旅馆竞相采用这种风格，装饰艺术在随后 25 年盛行不衰。大多数美国城市至少有一间装饰艺术风格的电影院；这些电影院散发的夸张、灿烂的气氛，似乎是为好莱坞影片量身打造的一般。迈阿密海滩与洛杉矶等城市，更是丝毫不含糊地以装饰艺术为其城市风格。但装饰艺术的真正目标在于优雅之美，它原不是一种大众艺术风格，一旦改以迎合大众的面貌出现，便很难再保有过去极盛时期那种精致的风貌。就这样，装饰艺术原有的精致优雅变得较为粗俗，原本浓郁的香艳气息也被冲淡了。

此外，暗淡无光的库房风格，却极适合大萧条之后出现的节制意识，另外它也比较适用于小额预算与有限的资源——只要有足够的白漆就能搞定。不过这里涉及的问题不只是经济而已。在20世纪20年代，全世界唯一（短暂）支持这种反资产阶级风格的政府只有苏联政府（柯布西耶接的第一项大型工程地点正是莫斯科），因为新精神风格倡导人标榜的反资产阶级意识形态，颇能打动苏联社会主义革命领导人的心。此外，刚在德国掌权的纳粹政权，是死硬派传统主义者（至少就建筑观点而言是如此）；他们将新精神视为一种布尔什维克风格，而坚决要与这种风格划清界限。由于新古典主义为独裁者如希特勒与墨索里尼所钟爱，现代主义者标榜的那种节约的建筑风格，就被人一厢情愿地视为反法西斯、反独裁的代表。

战后在英国、德国、荷兰与斯堪的纳维亚半岛诸国成立的社会主义新政府，对现代主义人士的左倾论点表示同情。许多现代派德国建筑师为逃避纳粹迫害而移居美国，所以现代风格在美国同样也甚得人心。之所以如此，倒不是因为现代派宣扬的社会主义观点，而是因为美国人鉴于它的源起，认为它是一种精密而前卫的风格。1925年，美国人因仰慕装饰艺术而参观巴黎博览会；10年后，他们抱着同样的心情学习另一种欧洲新风格。不过，他们这一次进行的是第一手学习，对象是两位最著名的德国现代派建筑师——瓦尔特·格罗皮乌斯与密斯·凡德罗。两人在美国声名大噪，不仅成为现代派建筑风格的领导者，而且生意也应接不暇。在社会名流、博物馆、大学与建筑评论人积极支持之下，他们的建筑手法日显杰出。[7] 反独裁之名更加助长了它的声势，于是它成为一种"自由世界"风格，在冷战期间代表民主与美国。既已扮演这个角色，它不再只是建筑风格；不仅外观上一片白，就道德意义上而言，它也是洁白的化身。在人们越来越将过去（至少从建筑的角度而言）视为无价值、不道德之际，它是对过去的一种大匡正。基于这项观点，装饰艺术失之粗俗，维多利亚复古风格颓废堕落，不管他人疾苦的洛可可是最糟的风格，只有标榜白色的节约风格最具道德风范。装潢不利于灵魂，必须加以弃绝。一旦抛开时代性装潢的包袱，我们会更感快乐。要人舍弃装潢或许并不容易，也或许有人对此不以为然，但这样做就像用药一样，至少对人有好处。

不过，如果这项建筑风格本身不具备一些重大的现实优势，即使获有欧洲政界人士或纽约知识分子的支持，仍然难以盛行。要达成欧洲的重建，以及美国在战后的经济盛景，必须有一种适合大量生产与工业化的快速而廉价的建筑方式。历史性复古风格、新艺术风格，以及装饰艺术，都牵涉昂贵的工艺技术与高成本的材料。但如果只是建造简单的墙、不加装潢的房间，既不需昂贵的工艺，建材成本也可以压低，事实上，这样做还具有标准化的优点，至少就商人而言，单是这一点已足够吸引人了。然而社会大众的反应没有那么热烈。如能有所选择，大多数人会选用住起来比较舒适的风格，例如安妮女王或殖民风格，但没有人征询他们的意见。人们假定无装饰的建筑物应具有"功能"与"效率"，从而勉强予以接受。大家甚至对这类建筑物心生崇敬（特别是如果它们很高，更能赢得仰慕），但他们并不喜欢这类建筑物。虽然建筑从业者与其支持者极力吹嘘新精神风格的道德优点，但对一般百姓而言，它就像交通堵塞或塑胶叉子一样，不过是现代生活中又一项令人不快，但是避免不了的副产品罢了。

室内装潢随着建筑脚步而行。建筑师已学得教训，这次他们不会重蹈19世纪丧失室内设计主控权的覆辙。他们不再将室内设计工作留交屋主处理，也不容室内设计师插手这项工作。一栋现代建筑物是一种整体经验，不仅室内设计，包括最后的漆饰涂料、家具、附属品以及座椅的位置等等，都应统筹设计。自洛可可以来，最具视觉一致性的室内装潢出现了。不过这种室内装潢，不是一组工匠根据共同的正式语言工作而取得的成果。最让人称羡的室内设计，是那种包括灯具、门把与烟灰缸等的一切项目都完全出自名师之手，*其中尤其是指家具。

家具能诉说一切。就像古生物学家能根据一块颚骨而重现史前动物的原貌一样，根据一件家具，我们也能看出当时的室内景观，了解屋内居住人的态度。路易十五的安乐椅反映的，不仅是陈设这张座椅的房间的装潢，也显现出当年那种令人欣喜的优雅。刻工优雅精致、隐隐泛光的乔治亚式红木温莎椅，代表着绅士自我抑制风度的本质。使用许多填料的维多利亚式安乐椅，配着华丽的织料与穗饰，再加上蕾丝罩布，皆显现出那个时代的保守，以及对肉体逸乐的渴望。装饰艺术风格的躺椅，以斑马皮为饰，再镶上珍珠母，则展示着一种可以触到的、纵情的奢侈。

布劳耶在 1925 年至 1926 年间设计的瓦西里扶手椅，一般被认为是一件经典之作。就像同一时代由凡德罗设计的巴塞罗那椅一样，瓦西里扶手椅也是当代座椅设计理念的典范：重量轻，使用机械制作的材质，而且没有装饰。它采用的是一种

---

* 路斯不同意这种"名师设计"的做法。他说："时下有一种趋势，认为最佳的设计，是建筑物本身与建筑物内部一切项目，甚至小到煤铲，都由一位建筑师设计。我反对这种做法。我以为，这种做法会使建筑物有一种相当单调的外观。"[8] 路斯在 1921 年以《对着虚无发言》（*Spoken into the Void*）为名，刊出他的论文集，以上是书中收录的一段话。

将铬金属管弯曲制成的结构，上面缠绕着不加垫料的撑开来的皮，将其作为椅座、椅背与扶手。有人说，它看起来好似不曾经过人工处理一般。瓦西里扶手椅的惊人之美并非来自装饰性，而是由于材质结合所采用的那种直截了当的结构表达方式——包括压缩的金属管件以及伸张的皮质织料。像所有现代座椅一样，它完全不带丝毫时代性家具的影子，它予人一种当代的、并且有意营造的一种日常生活的联想。那弯曲的金属管使人想到自行车的骨架，厚硬的皮质令人忆起理发师父那块磨剃刀的皮带。当它问世时，世人从未见过这样的座椅，甚至在60年之后，它看起来仍然比较像健身机器而不像扶手椅。瓦西里椅推出以后，初步反响良好，许多人大惑不解，因为在他们看来，这种用金属管与皮带交织而成的东西是否能坐都是问题，更别提坐得是否舒适了。

一张设计良好的扶手椅，不仅必须可以让人轻松坐着，还要使坐在上面的人能够喝饮料、阅读、与人交谈、让孩子在膝上蹦、打盹等等。它必须使坐着的人能够动，能够变换各种姿势。这种姿势变换具有一种社会功能，即所谓肢体语言。它要让坐着的人能够将上身前倾（以表关切之情），或向后仰靠（以示沉思、默想），坐在上面的人必须能够正襟危坐（以表示敬意），或躺坐（以表达非正式，甚或蔑视之意）。姿势的变换同时具有一种重要的生理性功能。人体原本不宜长时间保持同一姿势，长时间不动，对身体组织、肌肉与关节都有不良的影响。姿势的变换，如交叉两腿，将一条腿或两腿一起置于臀下，甚至翘起一条腿架在椅子扶手上，都能将重量从身体一部转移到另一部，从而缓和压力与紧张，使不同肌肉群获得纾解。如果这种变换受到局限，即使设计最佳的座椅坐不了多久也会令人不适；所有搭过飞机的人都很清楚这一点。工程人员称这种人体必须不断改变姿势的特性为运动性。为提升睡眠的舒适性，并改善医院病床的设计（运动性不佳的病床，会很快导致褥疮），当时对躺卧的运动性进行过广泛的研究。[9]一般人对坐姿的运动性认识较浅，不过资料显示，坐姿的运动性在舒适感的问题上与卧姿同样重要。[10]*

　　提供运动性的办法之一，就是让椅子本身动。传统摇椅就具备这种功能。它的主要目的不是不断摇动，而是让坐在上面的人可以变换姿势，以纾解腿部与背部的紧张。医生往往嘱咐背痛病患使用摇椅，原因即在于此。从19世纪中叶起，主要在美国境内出现了各式坐具，它们之所以让人坐得舒适，靠的不是椅饰与坐垫，而是它们能够动，能够弹跳、滚动、摇摆与旋转。但不同于摇椅的是，这些会动的家具是机械性的。今天，机械性家具一般为办公室用具与速记员座椅，或用于理发师与牙医的专门座椅，但它们原本用于家居生活。于1853

---

* 现在许多汽车的座椅能做各种调整，这种设计不仅为了适应不同驾驶人，也为使同一驾驶人在长程旅途中得以变换姿势。

年获得专利的第一件架在脚轮上，可以摇摆与旋转的扶手椅，是供家庭使用的。[11]维多利亚时代的家庭使用许多"坐的机械"，包括供缝纫用的弹性座椅、高矮可以调整的残病者躺椅、供书写与弹钢琴用的旋转椅、机械摇椅以及可以调节的安乐椅等等。

机械家具不仅提供运动性，还解决了一个一直令家具设计人头痛的问题：人体体型与大小各不相同，所以没有一个座椅能够适合每一个人。就此意义而言，传统家具一直就是一种妥协，早先的设计者能够做到的，充其量不过是提供各种尺寸的座椅（通常较小的供妇女使用，较阔、较重的供男子使用），并以椅饰与填料填补差距罢了。此外，机械椅可以调整，不仅是座椅的高度，椅背的角度与高矮也可以调整。倾斜与摇摆的机制使人能在同一张椅上采取各式坐姿，并且可以视不同体重而调节压力承受度。

家庭用机械椅从未引起建筑师与设计师的注意，他们瞧不起可以调整的躺椅（这是19世纪传下来的一种躺椅，或称为"懒人椅"[La-Z-Boy]，认为它庸俗得无可救药。*像所有现代家具一样，瓦西里椅也没有任何可供使用者调整的机械装

---

* 当时也曾有改良外观既大又笨重的懒人椅的尝试，不过这类尝试极少，费迪南德·保时捷设计的一种可以斜倚的椅子就是其一。汽车设计人如此关心机械家具其实不足为奇；因为最好的汽车座椅展现的舒适度与调整弹性，非任何家用座椅可以比拟，只有若干办公室座椅可与之抗衡。

置。更何况，它陡直的椅座角度使坐的人除了往后靠着之外，不可能还有其他可供选择的坐姿。举例说，如果坐在椅上的人把身子往前探，想拿摆在面前的一杯咖啡，那么这人会发现自己完全挤压在了椅座生硬的边缘上，感觉很不舒服。如果坐的人往一旁侧身，扶手提供不了什么支撑。平直的椅背与椅座让人不敢乱动，坐在上面的人很快就会感到不适。如果膝盖弯着，则大腿部位不再享有椅座的支撑，这也使人无法将双腿尽情伸直。无须多久，坐的人的大腿内侧就会卡入硬皮椅座的边缘，双线缝制的扶手边缘部也会把人的手肘磨得隐隐生疼。这是一种一次顶多只能坐 30 分钟、否则就会让人感到不舒服的安乐椅。

坐起来不舒服的椅子怎么可能也是一种"经典之作"？是否因为布劳耶在 1926 年设计这种椅子的事实具有历史重要性？举例说，我们会仰慕最早期的自行车，因为尽管看起来笨拙，但它代表一种发明的跃进。但瓦西里椅虽然是第一个采用金属管结构制成的安乐椅，却绝非第一种安乐椅。无论怎么说，最早期"前轮大、后轮小"的自行车早已进了博物馆，而布劳耶设计的这种安乐椅却仍然在制造、出售，且仍然有人在坐。本书特别挑出这种座椅加以批判，并无任何偏颇与不公，因为它是现代设计中一种颇富盛誉的典型。凡德罗设计的巴塞罗那椅，也是这样的典型。常被用来作为大厅、博物馆以及客厅陈设品的巴塞罗那椅，同样也不能予人多少舒适感。它的坐垫过于单薄，无法提供适当的支撑；没有扶手的设计也使人在落座与起身时俱显笨拙；它的皮质椅背与椅座过于光滑，使坐的人很难不往下滑。其他几种座椅也同样有这种太滑、坐不住的问题，查尔斯·伊姆斯设计的著名的皮卧椅就是其中一例。设计精巧的阿尔多伊椅（Hardoy），又名蝴蝶椅，也曾遭人指责是"运作性的败笔"，在这种椅子上坐得越久，对于它竟能享有如此名声，竟能如此受欢迎，就越会感到不解。[12] 有人认为，所有近年来设计的家具都不舒适；这种说法虽失之偏颇，但许多公认为是现代座椅杰出典范的设计，确实对人体舒适性并不在意。*

有人说，现代家具之所以忽视人体工学，是因为设计人有意不遵循有关坐姿舒适性的传统规则。[14] 要想再创车轮并不容易，特别是如果设计人坚持车轮无论什么形状都可以，就是不能是圆形，那么问题就更棘手了；座椅的情况亦然。为谋求坐得舒适，18 世纪的家具制造人花费极长时间，才终于找出正确的椅座与椅背角度，以及适当的曲线、造型与材质。他们在一系列原型中融入这些发现，这些原型包括装有椅垫、翼状造型的安乐椅，半圆形造型的扶手椅，以及椅背中间使用扁平木板的餐椅。它们随即成为舒适座椅的功能典范。像赫普怀

---

* 许多设计师、批判者与教师于 1957 年选出"100 件最伟大产品"，巴塞罗那椅、伊姆斯卧椅，以及阿尔多伊椅都名列其中。[13]

特与齐本德尔这类名师的造型簿，都载有关于这些典范的详细信息，并提出能够与它们结合的各种可能形式。这些功能典范的尺寸规格，都记述得既详尽又明确，只需按图施工，保证坐得舒适。至于可能形式的部分，造型簿中一般不定尺寸规格，好使个别家具制造者更能发挥他们自己的想象力。家具制造者应该推出原创作品，不过作品总不超出典范的范畴，家具设计就是在一定数目的主题上进行无限样式的发挥。

这种做法一直持续到 20 世纪后许多年。装饰艺术设计师仍然承袭 18 世纪大师对物品与乐趣的尊重。尽管为适应较小的房间，他们设计的家具已经较小，但至少就整体形式而言，这些设计一般仍不出传统规范。当雅克－埃米尔设计扶手椅时，他首先准备了一把套饰完全齐备，椅背与侧边已衬妥衬垫，椅座上也有一块宽松椅垫的维多利亚半圆形安乐椅，作为他的设计起始点。在 19 世纪，套饰为安乐椅所必备，但雅克－埃米尔设计的椅子比较简单，他以较为朴素、不带花纹的丝绒为饰，配以乌木制作的纤细椅腿，再加上诠释座椅造型的一条薄木带来完成他的设计。虽然雅克－埃米尔设计的沙发仍透着法兰西帝国时代沙发前身的影子，但他使用伯尔胡桃木，以及搭配银饰与镶嵌象牙的做法，却显然属于装饰艺术风格。路易斯·苏与安德鲁·马叶设计了一种汤匙状椅背的无扶手椅，细部装饰与外观都属现代风格，但采取宽前沿、坐垫凸出、微曲椅背的设计造型，显然继续遵循着洛可可的传统。倒

257

不是说注重派头的装饰艺术设计师如此重视舒适，其实他们最关心的是华丽的表面效果，但在根据这些旧有标准设计新的豪华家具时，他们也甘心遵照过去的规范行事。

现代设计师对样式的变化没有兴趣，他们追求的是全新设计。他们要在不借助典范的情况下研究出自己的解决办法，因此他们作品的优劣主要根据创意加以判断。套用艾伦·格林伯格的用词，这种情况于是导致一种"原创崇拜"，大家主要关心的是"有什么新意"，而不是"有什么较佳之处"。[15] 赫普怀特与齐本德尔，曾为任一特定类型的座椅列举好几十种变化。此外，每一种现代座椅都被认为是独一无二的，都应该被视为新典范，但也是一种不能被抄袭的典范。有一位意大利设计师想出妙招，用合成树脂装填袋子，但之后这条路子就此永远关闭，不再有设计师碰触这样的设计方式。下一个突破正等在那里：它会不会是用皱纹纸板，或是用有延展性的塑胶制造成的椅子？由于每一项典范都"属于"它的设计者，其他家具制造者永远不会对这种典范进行改良。我们虽然可以见到比较廉价的名款座椅仿制品，但这些仿制品几乎只是抄袭，全无改善可言。处于这种情况下，逐步演进几乎不可能出现。因为采用他人设计会带来缺乏想象力的恶名，进一步改良自己的设计却无异于承认自己原先的设计有缺陷。

现代设计者渴盼运用工业化材质与新科技制作家具，这使得舒适问题更加难以解决。这不应归咎于他们进行实验的企图（机械家具的发明人在一个世纪以前也曾充分显示出这种企图），而是源于对标新立异的追求。即使在研制木质家具时，大多数设计者也会避开久经考验、绝对有效的功能模式，设法另觅崭新途径。一旦他们运用传统方法与材质，其结果几乎总是令人满意的。极受欢迎的布劳耶无扶手直背椅，椅背与椅座用造型木与交织藤条制成，就像使用这类材质制成的乔治亚式直背椅一样，布劳耶椅坐起来也令人愉悦。由凡德罗设计的魏森霍夫（Weissenhof）椅，坐起来比瓦西里椅舒服，因为它的管状椅框包裹着一层手织的藤，而这是一种 17 世纪的技术。伊姆斯躺椅之所以能够提供一些舒适感，不是因为采用合板框架的创新设计，而是因为它以羽毛与鸭绒为填料。

著名的英国建筑师詹姆斯·斯特林曾以下述一段话描绘他喜欢的家具："我以一种理智的方式喜欢（椅子）。它们坐上去不会绝顶舒服；但当然，你可以坐上一个小时，也不必担心它们会垮。"[16] 这么说，坐了一个小时不因摔倒而心脏病突发，就是我们所能指望的一切了？显然我们不会就此心满意足。事实上，斯特林这番话谈的是托马斯·霍普的作品；霍普是 19 世纪初期的业余设计师，曾以新埃及风格设计形状怪异的椅子。只是斯特林对家具抱持的态度，已通过这番话而显露无遗。在判断椅子的价值时，坐得舒适已经不再是主要考量的，现在更要以理智的方式欣赏椅子，或以美学观点加以欣赏。凡德罗的得意门生菲利普·约翰逊告诉他在哈佛大学的学生："我想，所谓舒适是一种你认为椅子美观与否的功能。"[17]
他进一步指出，喜欢家里那几张巴塞罗那椅外观的人，自然会
喜欢坐这些椅子，即使它们并不是"坐起来很舒服的椅子"。

这种认为艺术魅力能克服物理现实的信念，包含着些许
迷人的天真。不过，这当然只是一厢情愿的看法。佝着背、弯
着腰、陷在巴塞罗那椅中的人，或挣扎着想从伊姆斯躺椅中爬
起来的人，自然不会觉得舒适。他们只是愿意以艺术为名，或
者为了顾全名声而忍受不舒适而已，但这是两回事。在 18 世
纪以前，即使是一张坐着不舒服的椅子，在人们心目中仍可能
是设计成功的椅子。在那个时候，椅子只要看起来美丽、宏伟
或予人深刻印象，就是"好"椅子。我们的祖父母辈曾穿过鲸
骨制作的紧身褡与僵硬的高领，他们觉得这样打扮既有格调又
优雅，因此忍受束腰与脖子擦痛之苦。不过他们还是有理可
说，因为这样的穿着一方面也让他们感觉很"好"。但是如果
我们也脱下牛仔裤与棉衫，换上他们当年那些衣裙，样子一定
笨拙得可笑。我们已经理所当然地认为，无论外观像什么样，
衣服都应该让人穿上以后能够自由运动，同样，我们也认为家
具无论看起来如何，都应该让使用的人轻松而舒适。

但这种 20 世纪的座椅提供给我们的是什么？它显示出一
种对科技、对高效能用具的乐观信念，以及对构造的关切，但
所谓关切指的不是传统意义的工匠技艺，而是精确、绝对的组

合。它是一种蓄意为之的物品，不带任何浮夸与矫饰，它代表地位（许多现代座椅的价格比一辆二手车还贵）。它展现轻巧与可动性，也因而惹人怜爱——就像一张制作极佳的宿营用小床一样。但它不是供人坐的，或许应该说，它至少不是供人长坐的。洛可可式座椅让人乐意坐下来聊天，维多利亚式座椅让人喜欢在餐后坐在上面打盹，但现代座椅表达的是纯公事。它下达指示："我们赶快结束这个会，动手干活吧。"现代座椅代表许多意义，但老实说，它已不再具有轻松、悠闲或舒适的内涵。

200年以前，当来到齐本德尔位于伦敦圣马丁巷的商店买椅子或小茶几时，一般人并没有想到要买什么经典之作，也想象不到日后这些家具竟成为收藏家争相抢购的对象。这些家具尽管多属路易十五、新哥特或中国风格，但大家愿意购买是因为齐本德尔的设计新颖，也因为他们要以最时髦的家具装扮他们的家。但另一方面，当《更美好的家园》（*Better Homes and Gardens*）杂志于1977年进行读者调查时，只有15%的人喜欢"最新潮"的家具。[16] 大多数人喜爱而且继续需要的，仍是旧式（但不必然老旧）的家具与传统装饰，这也正是拉尔夫·劳伦在"优雅"与"新英格兰"两款装饰造型中提供给客户的。如果百货公司或家庭装潢杂志的调查报告有任何指标作用，那么大多数人如果预算许可，第一选择就是住在他们祖父母住的那种房间里。

没有人认为这有何怪异。但诚如阿道夫·路斯所指出的，这种思古情怀并不存在于我们日常生活的其他层面。我们不会渴望享用祖先们享用的餐食，因为对健康与营养的关切已经改变了我们饮食的方式，也改变了我们饮食的内容。我们对体态苗条的偏爱，在以富态为美的 19 世纪人民看来，一定大惑不解。我们已经改变了我们的言谈用语、我们的举止，以及我们公开与私下的行为方式。我们不觉得有必要恢复过去的一些做法，例如访友必须先留下拜访卡，追求女友必须经由漫长的社交过程、一步步进行等等。重拾 18 世纪的礼仪规范，一定会与我们今天崇尚轻松的生活方式格格不入。除非是收藏家，否则我们不会开古董汽车。我们要的是运作费用较低廉、较安全，而且更舒适的汽车，我们也相信整修古董车达不到这些目的。驾着一辆福特 T 型车，就像穿着四分裤或衬圈的大裙一样，让我们感觉怪异。虽然对穿着古装毫无兴趣，但我们认为用过去的装饰手法打扮我们的家并无不妥。

一位作家曾对这种怀古幽情有所解释："美国人或许对未来充满憧憬，但他们不愿生活于未来。"[19] 这说法似乎言之有理，但并不正确。他犯的一个错误是，这说法意指抗拒家庭生活的创新是美国的一项传统。但事实上，19 世纪末出现在家居生活中的剧变，以及家庭工程师引进的有效率的家务管理，大体上在美国家庭都没有遭到抗拒。此外，对于所谓的"未来"用品，无论它们是便携式电话、按摩浴缸、家用计算机或

262

大屏幕电视，美国人从未表示过反对。还有一个错误是，美国人似乎不愿生活其间的"未来"，即那些白色的墙壁、金属管制作的栏杆，以及钢材与皮革交织而成的家具，其实算不上十分新奇。新精神已是距今60余年以前的旧事，美国人有足够的时间适应这种风格。

怀古通常代表着一种对目前的不满。我曾经称现代室内装潢是"家居舒适演变过程中的一种决裂"。它的主要目的不在于引进新风格，而是改变社会习惯，甚至是改变居家舒适所代表的基本文化意义——事实上它最不重视的一点就是新风格的引进。由于否定布尔乔亚传统，现代室内装潢不仅质疑，也排斥了豪华与安逸，不仅唾弃杂乱，也对亲密大加挞伐。偏爱工业外观的材质与物件，使它无力顾及家居生活，同样，对空间的强调，也导致它对隐私的忽略。无论就视觉与触觉而言，节约都取代了乐趣。原是一项理性化与单纯化的运动终于沦入歧途。经常有人说，它是对不断变化中的世界的一种反应，但实则它是一种改变我们生活方式的企图。它之所以是一种决裂，不是因为它摒除时代风格，不是因为它废弃装饰，也不是因为它强调科技，而是因为它攻击舒适理念本身。大家会怀念过去的原因即在于此。他们之所以怀旧，并不是像一些维多利亚复古派人士一样对考古学有兴趣，也不是像杰斐逊古典学派一样，因为对一个特定时代感到同情。他们这样做，也不是为了抗拒科技。殖民时期乡村屋或乔治亚式华厦，虽然既无人们

263

乐于享用的中央暖气又没有电灯，但人们仍然对之钟情不已，原因就在于它们能提供一种现代室内装潢无法提供的东西。大家之所以求诸过去，正因为在现代找不到他们要的——舒适与福祉。

第十章

舒适与福祉

插画说明：诺曼·洛克威尔（Norman Rockwell，1946 年）

……近年来我一直在想，舒适或许就是至高无上的奢侈了。

——比利·鲍德温，引用自《纽约时报》

（ *The New York Times* ）

居家生活的福祉是一种深植我们心中、必须满足的人性基本需求。如果现有状况不能满足这种需求，那么人会反求传统自然不足为奇。但是在求诸传统之际，我们应将舒适概念与装潢（指的是房间的外观）以及行为（指的是使用这些房间的方式）区分清楚。装饰基本上是一种时尚的产品，寿命一般只能持续几十年，或许更短。安妮女王装潢风格持续最多30年；新艺术风格的寿命仅比10年稍多一些；装饰艺术甚至更为短命。但相较于装潢的寿命，作为习惯与风俗功能的社会行为持续时间就长得多了。举例来说，男子在用完晚餐以后退出餐厅，进入特定房间抽烟的习俗始于19世纪中叶，20世纪之后还仍然存在。直到1935年，虽然当时妇女已开始在公共场合抽烟，但蒸汽船"诺曼底号"仍设有吸烟室。在大庭广众之下吞云吐雾的习俗已持续约40年，它很可能即将完全消逝无踪，而我们也会回到过去那个认为当众抽烟不礼貌的时代。此外，像舒适这样的文化概念，寿命长短是以世纪来计量的。例如，家庭文化已持续了300余年。在这300多年间，室内装潢的"密度"不断变化着，房间在大小规模与功能用途方面也呈现许多改变，而且或多或少都摆设许多家具。但住宅内部总是展现一种亲密与家的感觉。

时尚改变的频率比行为的变化频繁，文化概念则因为能够持续很久而较不易改变，所以较能对行为与装潢起压制作用。尽管新时尚往往被人称为什么革命，但它们绝大多数算不上是真正的革命，因为它们仅能使社会习俗略微改变而已，而传统文化更是完全不受它们的影响。当 20 世纪 60 年代象征叛逆的长发蔚为时尚之际，有人预示它将是一项大规模的文化转型；但结果仍然一样，只成为一项持续不久的时尚而已。当时尚确实有意改变社会行为时，同时也必须承受自我毁灭的风险。以 20 世纪 60 年代流行的纸衣为例。纸衣服由于未能满足人以衣着为身份象征的传统需求，终究只是昙花一现。当我们从海外引进外国习俗时，文化压制行为的力量会凸显。举例说，日本式热按摩浴缸目前在美国流行——它最后可能成为美国的一种习俗——但日式与美式洗浴的传统有极大差距。热按摩浴缸原是东方一种半宗教性沉思仪式的产物，经过逐渐演变而成为西方的一种社交性休闲装备。这种调适是一种双向过程，就像热按摩浴缸逐渐西化一样，日本人也调整美国家庭的习俗，以将其融入他们本身的习惯与文化。*

在向过去借鉴的同时，必须同样进行自我调整以适应当

---

* 据澳大利亚市场营销顾问乔治·菲尔兹指出，洗衣机与电冰箱这类家用电器对日本人而言，具有较高的"心理逻辑地位"。日本人十分重视这类用品，就像美国人极重视家具一样；在日本家庭中，电冰箱固然可以摆在厨房，但同样可以出现在客厅。[1]

代习俗。历史时代的复古风格即使不算什么彻底发明，也从来不是一成不变地抄袭过去，其原因就在于此。它们仅是"表面上"复古而已。当哥特风格在 18 世纪再次流行时它影响到了室内装潢，但它的用意并不在于恢复"大房子"或恢复中世纪缺乏隐私的生活方式，因为维多利亚式房屋的基本设计依然未变。当美国于 19 世纪 80 年代流行文艺复兴的室内装潢风格时，美国人无意使时光倒流，他们总是选择性地使用这种风格，而且也只在特定房间使用。举例言之，当时没有所谓文艺复兴式厨房，在那个时代，划定区域使家务工作方便有效进行的想法仍太过先进，无法成为家庭生活文化的一部分。

若要想重拾过去时代的舒适，只是抄袭那个时代的装潢是办不到的。房间的外观之所以合理，是因为它们为一种特定类型的行为提供了环境，而这种行为又取决于人们对舒适的思考方式。仅仅复制这种环境，却不能再造当时的行为模式，就像在推出一场戏时，只建立舞台布景，却忘了安排演员与台词一样，其结果必然空洞、令人不满。我们也欣羡过去的室内装潢，但如果原封不动地将它们搬进家中，我们会发现事情发生了巨大变化。变化最大的是生理舒适，即生活标准的现实。促成这些变化的，则主要是科技的进步。当然，在整个历史过程中，科技变化一直影响着舒适的演进，但我们这个时代的情形尤甚。从本书前几章对家居生活科技演进的探讨中得知，生理舒适的历史可以划分为两大阶段：1890 年以前的漫漫岁月都属第一阶段，之后30年为第二阶段。如果觉得这种区分有些古怪可笑，我们不妨想一下：所有使我们得以享受家居舒适的"现代"装置，包括中央暖气、室内管线、自来冷热水、电灯以及电梯等在1890年以前都还不存在，但到1920年，它们已是家喻户晓的装置。无论喜欢与否，我们都生活在巨大的技术鸿沟的另一端。约翰·卢卡奇曾提醒我们：1930年的住宅虽然在我们看来仍然是熟悉的影子，但如果在1885年的人眼中，一定不会被认出是什么。[2] 在这项大划分以前，重现过去的设计风格尽管并不多见，但是还说得过去；在1920年以后，再这样做就显得古怪了。

舒适不单出现质变，也展现了量变——它已经成为一种大众商品。在1920年以后，特别是在美国（欧洲也随后跟进），家居生活的生理舒适不再是社会部分人士的特权，而成为全体大众都能享有的事物。促成这种全民化的原因是大量生产与工业化。但工业化也带来其他影响，使手工艺术品成为一种奢侈（就这个观点而言，柯布西耶的分析没错）。这个事实也拉开了我们与过去的距离。装饰艺术设计人早已发现，精工巧艺是项极昂贵的花费，这也意味客户群的数量极其有限。兰黛夫人那间路易十五风格的办公室令我们欣羡，但即使是复制的路易十五式家具，能够负担得起的人已经无多，买得起真正古董家具的人就更寥寥无几了。如果坚持非采用洛可可风格不可，我们大概只能降低标准，以一些既不实用也无法令人喜悦的劣质

270

仿品来充数了。只有富人或非常穷的人才能生活在过去，而有权选择生活在过去的，唯富人而已。如果一个人有很多钱，而且还有够多的仆人，则乔治亚式乡村屋是最适当的选择。但规模小、无仆妇的家庭生活现实，使绝大多数人无力负担全盘性的复古：一旦住进这种乡村屋，谁来为屋内所有那些美丽的饰物掸灰除尘？谁来清理地毯、擦拭铜器？

时下流行的室内装潢做法是，零星使用具有传统外观的装潢，但不拘泥于任何特定历史风格。这种做法，至少就表面而言（事实上也只能做到表面功夫）似乎是可以接受的替代途径。这样做既非全然复古，也不是纯正的现代主义，虽说可能有些半吊子，但是并不昂贵。所谓后现代主义并没有抓到重点。真正的问题并不在于是否加一条代表风格的壁带，或竖立一根象征古典的圆柱——从住宅中消逝的，并不是加水稀释过的历史遗风。我们需要的是一种家庭生活意识，而不是在家中建更多护壁；是一种隐私的感觉，而不是帕拉第奥式窗户；是温馨舒适的气氛，而不是灰泥砌成的柱头。后现代主义并不重视历史所代表的文化概念的演进，它重视的只是建筑史，而且态度极为含混。此外，它也无意对现代主义的任何基本原则提出置疑。后现代主义这个名称取得不错，因为它几乎从不反现代。尽管有一些视觉巧思，也表现了一些时髦的漫不经心之感，但它没有解决基本问题。

真正需要重新探讨的，不是布尔乔亚的风格，而是布尔乔亚的传统。在回顾过去时，我们不应采取只论风格的观点，而应以舒适概念本身作为探讨对象。举例说，研究17世纪荷兰布尔乔亚阶级的室内装潢，就能使我们获得许多关于小空间生活的知识。它告诉我们，如何运用简单的材料，大小适中、位置得当的窗户，以及内置式家具来营造温暖舒适的家庭生活气氛。荷兰住宅面向街道开门的建筑方式、精心安排的各类型窗户、隐私程度越往里进越高的设计，以及小型居停空间的排列顺序等等，都是直到今天仍然能派上用场的建筑点子。[3]安妮女王式的房子，也带给我们有关非正式设计的类似教训。维多利亚时代的人面对的科技装置，创新程度之强尤胜于今人所面对的；但他们能够若无其事地将这些新科技融入家中，却不牺牲传统舒适，这对我们岂无启示作用？1900年至1920年间的美国住宅显示，我们可以有效处理便利与效率问题，并且绝不致因此造出任何冷漠的，或机械似的气氛。

　　近年来流行的所谓开放式设计，讲究让空间从一间房"流入"另一间房，而所谓重新探讨布尔乔亚传统，指的是恢复过去那种比所谓开放式更能提供隐私与亲密的建筑设计。开放式设计确实能造就极具视觉效果的室内景观，但要获得这种效果也必须付出代价。空间因开放式设计而流动，但景象与声音也同样流动，自中世纪以来，无法给居住者提供隐私的房屋设计，莫此为甚。即使是小家庭，如此开放空间的生活也带来许多难题，特别是如果他们使用时下流行的各种家庭娱乐装置，如电视机、录像机、音响、电子游戏机等等，则问题更是严重。我们需要的是更多小房间（有些可以比凹室还要小），以限定现代家庭娱乐活动的范围与种类。

重新探讨布尔乔亚传统的另一项含义，指的是重拾实用而且让人舒适的家具，我们需要的不是那种被当作艺术品的椅子，而是让人坐起来舒服的椅子。这牵涉前进与回溯两种努力。回溯的目的，在于重拾18世纪人体力学的知识，前进的任务，则在于设计可以调整和修改的，以适应不同人使用的家具。它意指恢复过去的理念，将家具视为实用而持久的物品，而不是一种纯美、只重一时新奇的东西。

应加以重新探讨的另一项传统是注重便利。在房子的许多部分，早期家庭工程师倡导的实用主义，已因人们对视觉外观的强调而失落，支配室内设计的是美观而不是实用。现代厨房的每一件物品都隐藏在设计精美的橱柜中，这让厨房看起来条理井然，仿佛银行办公室一般。但厨房的功能与办公室并不一样，如果一定要加以比拟，厨房应该比较像一间工厂。用具应该摆在工作现场旁边伸手可及的开放空间里，而不是隐匿在料理台下，或藏入难以触及的橱柜深处。很久以前，大家已经知道有必要在厨房建立高度不同的几个工作台，但直到今天，厨房仍然采用规格统一的工作台，不仅高度与宽度标准化，就连最外层饰材也完全一致。如此整齐划一的厨房，确实做到了现代设计崇尚清爽与视觉单纯性的要求，但在提升工作舒适程

273

度方面则全无建树可言。

自 19 世纪 50 年代以来，浴室设计一直没有变化。标准化的小型浴室看来颇具效率，但不适合现代家庭使用。将浴缸与淋浴结合在一起的做法很愚蠢，而且这种装置使用起来既不特别舒适也不安全，甚至不易保持清洁。所以基于功能性与卫生理由，最好采取欧洲的做法，将抽水马桶与浴室分开。当房屋增设许多房间时，浴室可能很小。今天，过去在化妆室、育婴室与闺房进行的种种活动都必须移入浴室进行，现在甚至连洗衣机也摆进了浴室。在小房子里，浴室可能是唯一一间完全享有隐私的房间。尽管在美国，洗浴或许不像在日本一样具有仪式性意义，但它肯定是一种休闲形式，而这样一种休闲活动却不得不在一个既无魅力又不便利的房间内进行。现代厨房也同样过小。早期对厨房效率进行的研究，注意焦点在于如何减少主妇们在烹调食物时走的路，这项研究促使所谓效率厨房的问世。所谓效率厨房是一种极小的厨房，通常没有窗户，拥有的台面空间也很小，不过在里面工作的人，可以几乎不必走动就能完成食物处理工作。即使这种设计堪称便利（是否如此尚值商榷），也早已随岁月而消逝。注重时效的现代家庭主妇，需要使用搅拌器、处理机、意大利面制作机与咖啡研磨机等各式用品，小厨房摆不下这许多装置。

早自 17 世纪隐私进入家庭以来，妇女在诠释舒适的过程中一直扮演举足轻重的角色。荷兰式室内设计、洛可可式沙龙、无仆妇家庭等等,这一切都是妇女的发明成果。尽管稍显夸张,但我们可以说,家居生活的理念主要是一种女性理念。当莉莉安·吉尔布雷斯与克里斯汀·弗雷德里克将管理与效率概念引入家庭时,她们理所当然地认为这项工作应由女人完成,因为女人主要的职责就在于照顾家庭。家事的管理或许比过去有效,但家务工作仍然是一项全职工作——家庭才是妇女安身立命之处。但这一切因妇女对事业的渴望(不只因为经济理由)而完全改观,这不表示家居生活将就此消逝,不过可能意味着家庭不再是"女人的地方"。20世纪初期仆妇的难求,使可以协助主妇处理家事、减轻家务工作烦琐的机器大行其道,但在妇女逐渐走出家庭的情况下,大家越来越需要自动化的机器。新近问世的许多家庭用品,如自动洗衣机、制冰机、自我清洁的炉灶以及无霜冰箱等等,目的都在于以自我规范的机械作业取代人工作业——它们都是半自动的装置。这种从工具迈向机器、再朝自动化发展的趋势是一切科技的特性,它显现于家庭的强度,绝不亚于工作场所。[4]很早之前,人们用干衣架干衣,随后手动的绞衣机的问世取代了干衣架,接着机械动力的绞衣机又取代了手动绞衣机,最后自动干衣机问世了。廉价微芯片的出现,加速了家庭全规模自动化的步伐,到某一天,家用机器人,或称为机器仆人,将出现在家庭。

对布尔乔亚阶级的舒适传统进行的再探讨,无疑是对现代主义一种含蓄的批判,但这不是一种对改变的抗拒,事实上

275

舒适的演进过程仍将持续。就目前而言，虽说程度上不如过去，但这项演进仍以科技挂帅。在过去，当有效的壁炉或电气问世时，家庭生活并未因这些新科技而变得欠缺人味，同样，现代科技对家庭的影响亦然。我们真能在运用机器人的同时，还能享有温馨舒适吗？这个问题的答案，要看我们能不能抛弃现代主义那种空洞的狂热，对家居生活舒适有更深、更真的了解而定。

什么是舒适？或许我们应该早些提出这个问题。但这是一个复杂而深奥的问题，如果不能先对它漫长的演进过程有所了解，则得出的答案几乎必错无疑，或至少也必定不完整。最简单的答复是，舒适涉及的仅仅是人类生理——感觉好。其间并无神秘可言。不过这种说法不能为下述疑问作答：既然人体没有改变，我们有关舒适的概念为什么与100年前的概念不同？有人说，舒适是一种满足的主观经验，这个答案也同样解决不了问题。因为，如果舒适是主观经验，则人们对舒适抱持的态度应该五花八门、无奇不有。但事实上，在任何特定历史时代，对于什么是、什么不是舒适，人们总有相当明确的共识。尽管舒适是一种个人体验，但个人总是根据较广泛的规范判断舒适与否，这显示，舒适或许是一种客观经验。

舒适如果具有客观性，就应该有加以量度的可能。但是要量度舒适，实际做起来比想象中难得多。要知道我们什么时候舒适并不难，但要知道为什么舒适或舒适程度如何就没那么简单了。我们可以通过对大批人群好恶反映的记录来界定舒适，不过这种做法比较像是一种市场或民意调查，而不像是科学研究。科学家喜欢一次只针对一件事物进行研究，特别是喜欢量度事物。实际运作结果显示，量度不舒适比量度舒适容易得多。例如，在确立一个温度的"舒适区"以后，科学家可以找出大多数人觉得太冷或太热的温度，而所有冷热两极间的温度就都自动归类为"令人舒适"的温度。或者，科技人员想找出座椅椅背的适当角度时，首先测试出过于陡峭与过于平直、让人坐得不舒服的椅背角度，这两个角度之间就是"正确"角度。对于照明与噪声的强度、房间尺寸的大小，以及坐卧家具的硬软度等等，许多专家都曾进行类似实验。在所有这些案例中，研究人员必须首先量度出人们一开始感到不适的极限，其后才能求得舒适的范围。科学家在设计航天飞机的内部时，首先用纸板建了一个模拟太空舱。他们要航天员在这个与实体同样大小的模型中模拟进行一切日常活动；每当航天员撞上模型太空舱的一个弯角或一个突出物时，就有一位技术人员过来将那个弯角或突出物剪掉。在所有阻碍航天员活动的东西都被去除，这项实验过程也宣告结束时，科学家便可以得出这个太空舱"令人舒适"的结论。舒适的科学定义大约是这样的："在避开不舒适之后，余下的情况就是舒适。"

　　大多数针对世俗舒适进行的科学研究都与工作场所有关，因为大家发现舒适的环境能影响士气，从而影响工人生产力。

最近发表的一项研究报告指出，据估计，因工作姿势不良而造成的背痛，使美国损失9300万个工作日，并为美国经济带来90亿美元的损失。由此可见舒适对经济成效影响之大。[5] 现代办公室的室内设计反映出科学家对舒适的定义。照明层次经过仔细控制，使亮度维持在达成最佳阅读便利性的可接受范围内。墙饰与地板的设计都予人一种平静感，没有那些炫目、俗丽的色彩。办公桌椅的设计也以不使人疲惫为主。

但在这种环境中工作的人究竟感觉多舒适？大型制药公司默克为改善设施，对2000位办公室员工进行调查，以了解他们对工作场所（这个场所采用了相当吸引人的现代商业办公室设计）有何看法。[6] 调查小组备妥一份问卷，其中列举了涉及工作场所各层面的许多问题，包括影响外观、安全、工作效率、便利、舒适等等的各项因素。小组要求员工们就各层面的问题表示他们的满意或不满意度，并且指出他们个人认为最重要的层面。调查结果显示，大多数员工都能将工作环境的视觉质量与实体层面有所区分。所谓视觉质量指的是装潢、色调设计、地毯、壁饰、办公桌外观等，所谓实体层面指的是照明、通风、隐私与座椅的舒适。在员工列出的10项最重要的因素中，实体层面的各项因素完全名列其中，另外几项重要的因素是工作区的大小、安全以及个人橱柜的空间。有趣的是，在员工心目中，所有纯视觉性的因素都不很重要，这显示将舒适纯粹视为一种外观或风格功能的观念错得有多离谱。

这项调查最发人深省的结果是，在问卷列出的近 30 项有关工作场所各层面的因素中，默克的员工对其中三分之二在不同程度上表示不满。特别是对谈话与视觉隐私的缺乏、空气质量以及照明亮度等几项因素，员工尤为不满。当问卷问到他们希望个人能够控制的是哪些办公室室内因素时，大多数员工选择了室温、隐私程度、桌椅的选择权、照明强度等项，而他们最不在意的项目，就是对装潢的控制权。这样的调查结果似乎显示，尽管一般都认为照明或温度很重要，但究竟要有多少亮度或多少温度才算舒适的看法则因人而异。可见舒适显然既具客观性也具主观性。

默克公司办公室原先设计的宗旨就在于去除员工的不舒适，但这次调查显示许多员工在工作场所并无舒适之感，因为他们抱怨无法集中精神。虽然有赏心悦目的色彩、有吸引人的家具（每一位员工都对家具表示赞赏），但还是有一些疏忽之处。根据科学探讨得出的结论，如能降低背景噪声，并控制双眼所接触的景象，办公室员工就能感到舒适。但决定工作是否舒适的因素比这多得多。员工必须拥有一种亲密与隐私的意识才能感到舒适。要有亲密与隐私意识，必先取得隔离与公开两者之间的平衡，过度隔离或过度公开都令人不适。加州一群建筑师最近指出，要使员工舒适，必须达到 9 个工作环境项目的标准。[7]这些项目包括员工背后与身侧有无隔墙、办公桌前有无相当的开放空间、工作场所的大小、隔离空间的大小、眺望外界的视野、与最近一位同事的距离、身边同事的人数，以及噪声的音量与类型等。由于大多数办公室并没有直接针对这些问题进行设计，员工们无法专心工作自然不足为奇。

以科学手段诠释舒适的谬误之处，在于科学仅考虑舒适概念中那些可以衡量的层面，并以典型的傲慢态度否定其他一切因素的存在。许多行为科学家认为，由于人类经验到的只是不舒适，因此物理现象的舒适其实根本不存在。[8]大多数经过精心设计的办公室环境没有真正的亲密性，这一点也不奇怪，因为真正的亲密性不可能以科学方法衡量。就这方面而言，办公室或住宅的亲密问题并非特例——许多复杂的经验都是难以衡量的。举例言之，虽说一群评酒专家能够毫不费力地辨识好酒与普通酒，想以科学手段做出这种优劣之分就办不到了。就像茶叶与咖啡制造厂商一样，制酒业者至今仍依赖非科技性的测试法，即有经验的品尝专家的"鼻子"，而不是只依赖一项客观标准。业者或许可以拟定一种标准，例如酸度、酒精含量、甜度等等，不能达到这种标准的就是"不好"的酒；但没有人能说，只要能避免这些缺失就能酿出好酒。一个房间令人不舒服，它或许太亮让人无法谈心，也或许太暗而无法阅读，但仅仅只是去除这些令人烦恼的因素，并不必然营造一种舒适感。色泽的晦暗虽不致严重到令人困扰，但它也不能予人愉悦之感。另一方面，当我们打开房门心想"这房间好舒适"时，我们是针对一件特别事物或针对一连串特别事物有感而发的。

以下是有关舒适的两项叙述。第一项叙述出自著名室内装饰家比利·鲍德温，他说："对我而言，舒适就是一个能满足你与你的客人的房间。它是椅座很深、套有软垫的椅子。它是随手可以将一杯酒或一本书摆在一张茶几上。它也是一种信心，让人知道即使有人为谈话之便而搬动一张椅子，整个房间也不会乱成一团。我已经厌倦了做作的装饰。"[9] 第二项叙述出自建筑师克里斯多夫·亚历山大。他说："想象在一个冬日的午后，你备妥一壶茶、一本书、一盏阅读灯，还有两三个供你倚靠的枕头。现在让你自己觉得舒适。不是要你找一个方式向他人显示你的舒适，并告诉他人你有多喜欢这方式。我的意思是，你要让自己真正喜欢、真正享受：把茶壶摆在伸手可及却不会无意撞翻的地方；把阅读灯拉下来，让灯光照亮书本，但灯光也不致过亮，亮到让你看不见裸露的灯泡。你把枕头拉到身后，小心谨慎地将它们一一垫在你要摆的地方，用它们支撑你的背、你的颈，还有你的手臂：无论你想喝一口茶、想看书，或是闭上眼做梦，它们都撑着你，让你舒适。"[10] 鲍德温的叙述是累积了 60 年装潢时髦家庭的经验成果，亚历山大的说法，则以他对平凡人物与平凡场所的观察为依据。* 但两人似乎不约而同地都叙述着一种一眼可知、具有平凡与人性气质

---

* 直到 1983 年去世，鲍德温一直是公认的最著名的上流社会装潢家，他的客户包括美国作曲家科尔·波特与杰奎琳·肯尼迪。亚历山大是《一种图形语言》（*A Pattern Language*）一书的作者，这是一本批判现代建筑的书。

的家居生活气氛。

这种人性气质对外行人而言尽管只要一幅画或一段书面叙述已经足够体会，但对科学家而言却是不能掌握的事物。有一位工程师曾失望不已地写道："舒适只是一项口头的发明而已。"[11]当然，他说的完全正确。舒适是一项发明，一项文化的巧计。但就像童年、家庭与性别等所有文化概念一样，舒适也有过去，若不探讨它特定的历史就无法了解它。如果不提历史，仅仅通过一个层面以科技意义为舒适下注解，结果必然不能令人满意。相形之下，鲍德温与亚历山大关于舒适的叙述显得多么丰富！两人的叙述，包容了便利（近在手边的一张小几）、效率（一个可以调整的光源）、家庭生活（一杯茶）、身体的安逸（深椅座与椅垫），以及隐私（读书、聊天）。在这些叙述中也呈现了一幅亲密的画面。所有这一切特质都有助于营造一种宁静的室内气氛，而这种气氛正是舒适的一部分。

想了解舒适、为舒适找出一个简单的定义之所以困难，问题就在这里。那很像是在描绘一个洋葱。从外表看，它只是一个简单的球体，但这种外观很欺人，因为一个洋葱有许多层。如果将它切开，我们见到的是一堆洋葱皮，但它的原始形式已经消逝；若对每一层洋葱分别描绘，我们难免失去对全貌的掌握。更何况每一层洋葱皮还是透明的，这使事情变得更加复杂：当我们看着整个洋葱时，我们见到的也不只是表面，也见到一些内层的影子。同样，舒适也是一种既单纯又复杂的事

282

物。它包含许多透明层面的意义，如隐私、安逸与便利等等，其中有些层面埋得更深。

以洋葱作比，不仅显示舒适具有若干层面的意义，也显示舒适的概念是经由历史逐渐发展而成的。这个概念代表的意义因时代而有不同。在 17 世纪，所谓舒适指的就是隐私，于是导致亲密，并进而促成居家生活。18 世纪将重点转移到休闲与安逸。19 世纪则转而重视机械协助的舒适，例如灯光、暖气与通风等。20 世纪的家庭工程师强调效率与便利。在不同的时代面对社会、经济与科技等不同外力的情况下，舒适的概念都有变化，有时甚至呈现剧变。但这些变化并无所谓命中注定或不能避免可言。如果 17 世纪的荷兰没有那么人人平等，荷兰妇女没有那么独立，家庭理念的形成会比较慢。如果 18 世纪的英国是贵族垄断，而不是布尔乔亚阶级抬头的社会，舒适概念则会出现不同的转折。如果 20 世纪没有出现仆人短缺的现象，大概也不会有人注意比彻与弗雷德里克的说法了。但让我们称奇的是，尽管历经这许多改变，舒适的概念仍保有大多数早先的意义。舒适的演进不应与科技的演进混为一谈。新的科技装置通常（但并非一直如此）使旧装置因落伍而报废，例如电灯取代煤气灯，煤气灯取代油灯，油灯取代蜡烛，但为求舒适而有的新构想，并不能取代有关家居生活幸福的基本观念。每一种新意义都在旧有意义上增添一个新层面，并将旧有意义保存在底下。无论在任何特定时代，舒适都包含了所有层面的意义，而不仅仅只有最新的意义。

于是，我们归纳出这个诠释舒适的洋葱理论，这其实根本算不得什么定义，只不过更精确的解释似乎已经没有必要。家居生活的舒适涉及许多属性，例如便利、效率、休闲、安逸、愉悦、家庭生活、亲密与隐私等等，所有这些属性都影响到舒适的经验。或许有此了解已经足够，其他就凭借常识来判断吧。绝大多数人会说："我或许不知道为什么喜欢它，但我知道我喜欢的是什么。"他们一旦体验到这个说法，就能觉察到何谓舒适。这项觉察过程包括许多感觉意识的组合（其中有许多是下意识），而且不仅有实质意识，还包含了情绪与理智。这不但使我们难以解释舒适，更不可能对舒适进行衡量。尽管如此，舒适的真实性丝毫无损。对于工程师与建筑师提供给我们的那些不适当的定义，我们应该抗拒。家庭生活的福祉如此重要，我们怎能放心交由专家代劳，这一直就是一件家庭与个人必须躬亲处理的事。为了我们自己，我们必须重新探讨有关舒适的这个谜题，因为如果没有它，我们的住处真的只会是一部机器，而不是家了。

注 释

第一章

1. Fred Ferretti,"The Business of Being Ralph Lauren," *New York Times Magazine*, September 18, 1983, pp.112–33.

2. *New York Times*, April 17, 1973, p.46.

3. David M. Tracy, vice-chairman of J. P. Stevens Company, quoted in Ferretti, "Ralph Lauren," p.112.

4. Hugh Trevor-Roper,"The Invention of Tradition: The Highland Tradition of Scotland," from Eric Hobsbawm & Terence Ranger, eds., *The Invention of Tradition* (New York: Cambridge University Press, 1983).

5. Peter York, "Making Reality Fit the Dreams," London *Times*, October 26, 1984, p.14.

6. Quoted in Ferretti, "Ralph Lauren," p.132.

7. Ibid., p.132.

8. Quoted in ibid., p.133.

9. *New York Times*, April 17, 1973, p.46.

10. *Fortune*, April 2, 1984.

11. William Seale, *The Tasteful Interlude: American Interiors Through the Camera's Eye, 1860-1917* (Nashville: American Association for State and Local History, 1982), p.21.

12. Judith Price, *Executive Style: Achieving Success Through Good Taste and*

Design (New York: Linden Press/Simon & Schuster, 1980), pp.20–23.

13. Ibid., pp.168–71.

第二章

1. Quoted in Martin Pawley,"The Time House," in Charles Jencks and George Baird, eds., *Meaning in Architecture* (London: Cresset Press, 1969), p.144.

2. Jean Gimpel, *The Medieval Machine: The Industrial Revolution of the Middle Ages* (New York: Penguin, 1980), pp.237–38.

3. Ibid., pp.43–44.

4. J. H. Huizinga, *The Waning of the Middle Ages: A Study of the Forms of Life, Thought and Art in France and the Neth- 233 erlands in the Dawn of the Renaissance*, trans. F. Hopman (Garden City, N.Y.: Doubleday Anchor, 1954), p.250.

5. Ibid., p.248.

6. Martin Pawley, *Architecture vs. Housing* (New York: Praeger, 1971), p.6.

7. Philippe Aries, *Centuries of Childhood: A Social History of the Family*, trans. Robert Baldick (New York: Knopf, 1962), p.392.

8. John Lukacs,"The Bourgeois Interior," *American Scholar*, Vol.39, No. 4 (Autumn 1970), pp.620–21.

9. Joan Evans, *Life in Medieval France* (London: Phaidon, 1969), pp.30–43.

10. John Gloag, *A Social History of Furniture Design: From B.C.1300 to A.D.1960* (London: Cassell, 1966), p.93.

11. Siegfried Giedion, *Mechanization Takes Command: A Contribution to Anonymous History* (New York: Norton, 1969), pp.270–72.

12. Ibid., pp.276–78.

13. Evans, *Medieval France*, pp.61–62.

14. Colin Platt, *The English Medieval Town* (New York: David McKay, 1976),

p.73.

15. From a poem by Prince Ludwig of Anhalt-Kohten (1596), quoted in Gloag, *Social History*, p.105.

16. Mario Praz, *An Illustrated History of Interior Decoration: From Pompeii to Art Nouveau*, trans. William Weaver (New York: Thames and Hudson, 1982), p.81.

17. Gimpel, *Medieval Machine*, pp.3–5.

18. Lawrence Wright, *Clean and Decent: The History of the Bath and the Loo* (London: Routledge & Kegan Paul, 1980), pp.19–21.

19. Platt, *Medieval Town*, pp.71–72.

20. Quoted in Evans, *Medieval France*, p.51.

21. Wright, *Clean and Decent*, pp.29–32.

22. Ibid, p.31.

23. Madeleine Pelner Cosman, *Fabulous Feasts: Medieval Cookery and Ceremony* (New York: Braziller, 1976), p.45.

24. Ibid., p.69.

25. Quoted in Praz, *Interior Decoration*, pp.52–53.

26. Giedion, *Mechanization*, p.299.

27. Lewis Mumford, *The City in History: Its Origins, Its Trans-formations and Its Prospects* (New York: Harcourt, Brace & World, 1961), p.287.

28. Cosman, *Fabulous Feasts*, pp.105–8.

29. Ibid., p.83.

30. Barbara W. Tuchman, *A Distant Mirror: The Calamitous 14th Century* (New York: Ballantine, 1979), pp.19–20.

31. Huizinga, *Middle Ages*, pp.249–50.

32. Ibid., p.27.

33. Ibid., pp.109–10.

34. Lukacs, "Bourgeois Interior," p.622.

35. Ibid., p.623.

36. Fernand Braudel, *The Structures of Everyday Life: Civilization and Capitalism, 15th-18th Century,* Vol. 1, trans. Miriam Kochan, rev. Sian Reynolds (New York: Harper & Row, 1981), pp.310–11.

37. Jean-Pierre Babelon, *Demeures parisiennes: sous Henri IV et Louis XIII* (Paris: Editions de temps, 1965), p.82.

38. Braudel, *Everyday Life*, pp.300–302.

39. Ibid., pp.310–11.

40. Wright, *Clean and Decent*, pp.42–44.

41. Babelon, *Demeures parisiennes*, p.96.

42. Ibid., pp.96–97.

43. I have drawn considerably on ibid., pp.69–116, for the description of seventeenth-century Parisian houses.

44. Ibid., pp.96–97.

45. Ibid., p.111.

46. Wright, *Clean and Decent*, p.73.

47. Quoted in Terence Conran, *The Bed and Bath Book* (New York: Crown, 1978), p.15.

48. Braudel, *Everyday Life*, p.310.

49. Ibid., p.196.

50. Ibid., pp.189–90.

51. Ibid., p.196.

52. Praz, *Interior Decoration*, pp.50–55.

53. Odd Brochmann, *By og Bolig* (Oslo: Cappelans, 1958), translated and quoted in Norbert Schoenauer, *6,000 Years of Housing*, Vol.3, *The Occidental Urban House* (New York: Garland, 1981), pp.113–17.

54. Ariès, *Childhood*, pp.391–95.

55. Ibid., p.369.

第三章

1. G. N. Clark, *The Seventeenth Century* (Oxford: Clarendon Press, 1929), p.14.

2. Steen Eiler Rasmussen, *Towns and Buildings: Described in Drawings and Words*, trans. Eve Wendt (Liverpool: University Press of Liverpool, 1951), p.80.

3. Charles Wilson, *The Dutch Republic and the Civilization of the Seventeenth Century* (New York: McGraw-Hill, 1968), p.30.

4. "Our national culture is bourgeois in every sense you can legitimately attach to that word." J. H. Huizinga,"The Spirit of the Netherlands," in *Dutch Civilization in the Seventeenth Century and Other Essays*, trans. Arnold J. Pomerans (London: Collins, 1968), p.112.

5. J. H. Huizinga,"Dutch Civilization in the Seventeenth Century," in Ibid., pp.61–63.

6. N. J. Habraken, *Transformations of the Site* (Cambridge, Mass.: Awater Press, 1983), p.220.

7. Paul Zumthor, *Daily Life in Rembrandt's Holland*, trans. Simon Watson Taylor (New York: Macmillan, 1963), pp.45–46.

8. Ibid., p.135.

9. Ibid., p. 100.

10. Ariès, *Childhood*, p.369.

11. Bertha Mook, *The Dutch Family in the 17th and 18th Centuries: An Explorative- Descriptive Study* (Ottawa: University of Ottawa Press, 1977), p.32.

12. Petrus Johannes Blok, *History of the People of the Netherlands* Part IV, trans. Oscar A. Bierstadt (New York: AMS Press, 1970), p.254.

13. Rasmussen, *Towns*, p.80.

14. William Temple, *Observations upon the United Provinces of the Netherlands* (Oxford: Clarendon Press, 1972), p.97.

15. Wilson, *Dutch Republic*, p.244.

16. Quoted in Madlyn Millner Kahr, *Dutch Painting in the Seventeenth Century* (New York: Harper & Row, 1982), p.259.

17. Quoted in Zumthor, *Daily Life*, p.137.

18. Huizinga, *Dutch Civilization*, p.63.

19. Temple, *Observations*, p.80.

20. Blok, *History*, p.256.

21. Quoted in Zumthor, *Daily Life*, pp.53–54.

22. Ibid., pp. 139–40.

23. Temple, *Observations*, p.89.

24. Zumthor, *Daily Life*, p.41.

25. Ibid., p.138

26. Lukacs, "Bourgeois Interior," p.624.

第四章

1. Bernard Rudofsky, *Now I Lay Me Doun to Eat* (Garden City, N.Y.: Anchor Press/ Doubleday, 1980), p.62.

2. Braudel, *Everyday Life*, pp.288–92.

3. Ibid., pp.283–85.

4. Gervase Jackson-Stops,"Formal Splendour: The Baroque Age," in Anne Charlish, ed, *The History of Furniture* (London: Orbis, 1976), p.77.

5. Nancy Mitford, *Madame de Pompadour* (New York: Harper & Row, 1968), p.111.

6. Pierre Verlet, *La Maison du XVIIIe Siècle en France: Sociètè Dècoration Mobilier* (Paris: Baschet & Cie, 1966), p.178.

7. Ariès, *Childhood*, p.399.

8. Michel Gallet, *Stately Mansions: Eighteenth Century Paris Architecture* (New York: Praeger, 1972), p.115.

9. Quoted in Mitford, *Pompadour*, p.171.

10. Peter Collins,"Furniture Givers as Form Givers: Is Design an All-Encompassing Skill?" *Progressive Architecture*, No.44 (March 1963), p.122.

11. Jacques-François Blondel, *Architecture françoise* (Paris: Jombert, 1752), p.27. Translation by author.

12. Braudel, *Everyday Life*, p.299.

13. Verlet, *Maison*, p.106.

14. Wright, *Clean and Decent*, pp.74–75.

15. Giedion, *Mechanization*, p.653.

16. Wright, *Clean and Decent*, p.72.

17. Verlet, *Maison*, p.61.

18. Ibid., pp.247–59.

19. J. H. B. Peel, *An Englishman's Home* (Newton Abbot, Devon: David & Charles, 1978), pp.161–62.

20. Michel Gallet, *Demeures parisiennes: l'èpoque de Louis XVI* (Paris: Le Temps, 1964), pp.39–47.

21. Allan Greenberg, "Design Paradigms in the Eighteenth and Twentieth Centuries," in Stephen Kieran, ed., *Ornament* (Philadelphia: Graduate School of Fine Arts, University of Pennsylvania, 1977), p.67.

22. Joseph Rykwert, "The Sitting Position—A Question of Method," in Charles Jancks & George Baird, eds., *Meaning in Architecture* (London: Cresset Press, 1969), p.234.

第五章

1. Paige Rense, ed., *Celebrity Homes II* (Los Angeles: Knapp Press, 1981), pp.113–19.

2. Marilyn Bethany,"A House in the Georgian Mode," *New York Times Magazine*, April 24, 1983, pp.96–100.

3. John Martin Robinson, *The Latest Country Houses* (London: Bodley Head, 1984).

4. Quoted in Peel, *Englishman's Home*, p.20.

5. Nikolaus Pevsner, *European Architecture* (Harmondsworth, Middlesex: Penguin, 1958), p.226.

6. Peter Thornton, *Authentic Decor: The Domestic Interior 1620–1920* (New York: Viking, 1984), p.102.

7. Quoted in Ibid., p.140.

8. Giedion, *Mechanization*, pp.321–22.

9. John Kenworthy-Browne,"The Line of Beauty: The Rococo Style," in Charlish, *History of Furniture*, p. 126.

10. Ralph Dutton, *The Victorian Home* (London: Orbis, 1976), pp.2–3.

11. Mark Girouard, *Life in the English Country House* (New Haven: Yale University Press, 1978), p.235.

12. Thornton, *Authentic Decor*, p. 150.

13. Praz, *Interior Decoration*, p.60.

14. Alice Hepplewhite & Co., *The Cabinet-Maker and Upholsterer's Guide*, 3rd ed. (London: Batsford, 1898). Originally published 1794.

15. Gallet, *L'époque de Louis XVI*, p.97.

第六章

1. Robert Kerr, *The Gentleman's House: How to Plan English Residences,*

from the Parsonage to the Palace, 3rd ed. (London: John Murray, 1871), p.278.

2. Girouard, *English Country House*, p.256.

3. Quoted in Lawrence Wright, *Warm and Snug: The History of the Bed* (London: Routledge & Kegan Paul, 1962), p.144.

4. C. S. Peel, *The Stream of Time: Social and Domestic Life in England 1805–1861* (London: Bodley Head, 1931), p.114.

5. Girouard, *English Country House*, p.4.

6. Jill Franklin, *The Gentleman's Country House and Its Plan 1835–1914* (London: Routledge & Kegan Paul, 1981), p.114.

7. Hepplewhite & Co., *Guide*, plates 81, 82 and 89.

8. Ibid., p.7, plates 35 and 36.

9. C. J. Richardson, *The Englishman's House: From a Cottage to a Mansion*, 2nd ed. (London: John Camden Hotten, 1860), p.405.

10. John J. Stevenson, *House Architecture*, Vol. II, *House-Planning* (London: Macmillan, 1880), pp.229–35.

11. Girouard, *English Country House*, p.295.

12. Mark Girouard, *The Victorian Country House* (Oxford: Clarendon, 1971), p.146.

13. Douglas Galton, *Observations on the Construction of Healthy Dwellings*, 2nd ed. (Oxford: Clarendon, 1896),p.52.

14. W. H. Corfield, *Dwelling Houses: Their Sanitary Construction and Arrangements* (London: H. K. Lewis, 1885), p.16.

15. John S. Billings, *The Principles of Ventilation and Heating and Their Practical Application* (London: Trubner, 1884), p.41.

16. Stevenson, *House Architecture*, p.236.

17. Quoted in Wright, *Clean and Decent*, p.122.

18. Stevenson, *House Architecture*, p.248.

19. Franklin, *Gentleman's Country House*, p.110.

20. Stevenson, *House Architecture*, pp.212–13.

21. Andrew Jackson Downing, *The Architecture of Country Houses* (New York: Da Capo, 1968), p.472. Originally published 1850.

22. Catherine E. Beecher, *A Treatise on Domestic Economy: For the Use of Young Ladies at Home and at School* (New York: Harper, 1849), p.281.

23. H. M. Plunkett, *Women, Plumbers and Doctors: Or Household Sanitation* (New York: Appleton, 1885), p.56.

24. J. G. Lockhart, *Life of Scott*, quoted in Girouard, *Victorian Country House*, p.17.

25. Stevenson, *House Architecture*, p.254.

26. T. K. Derry and Trevor I. Williams, *A Short History of Technology* (Oxford: Oxford University Press, 1979), p.512.

27. C. S. Peel, *A Hundred Wonderful Years: Social and Domestic Life of a Century, 1820–1920* (London: Bodley Head, 1926), pp.45–46.

28. Reyner Banham, *The Architecture of the Well-Tempered Environment* (London: Architectural Press, 1969), p.56.

29. Ibid., p.55.

30. Ibid., p.55.

31. Stefan Muthesius, *The English Terraced House* (New Haven: Yale University Press, 1982), p.52.

32. Ibid., pp.53–54.

33. Giedion, *Mechanization*, p.539.

34. Girouard, *Victorian Country House*, p.188.

第七章

1. Kerr, *Gentleman's House*, p.278.

2. J. Drysdale and J. W. Hayward, *Health and Comfort in Home Building*, 2nd ed. (London: Spon, 1876), pp.54–58. The Hayward house is also described in Banham, *Well-Tempered Environment*, pp.35–39.

3. Henry Rutton, *Ventilation and Warming of Buildings* (New York: Putnam, 1862), p.37.

4. Stevenson, *House Architecture*, p.280.

5. Edith Wharton and Ogden Codman, Jr., *The Decoration of Houses* (London: Batsford, 1898), p.87.

6. Stevenson, *House Architecture*, p.212.

7. Giedion, *Mechanization*, pp.540–56.

8. Lydia Ray Balderston, *Housewifery: A Manual and Text Book of Practical Housekeeping* (Philadelphia: Lippincott, 1921), p.128.

9. Matthew Sloan Scott, "Electricity Supply," in *Encyclopaedia Britannica* (Chicago: University of Chicago, 1949), Vol. 8, pp.273–74.

10. Christine Frederick, *Household Engineering: Sceintific Management in the Home* (Chicago: American School of Home Economics, 1923), p.238.

11. Ibid., pp.158–59.

12. Beecher, *Treatise*, p.261.

13. Alba M. Edwards, "Domestic Service," in *Encyclopaedia Britannica* (Chicago: University of Chicago, 1949), Vol.7, pp.515–16.

14. Frederick, *Household Engineering*, p.377.

15. Domestics' salaries are based on Peel, *Hundred Wonderful Years*, p. 185 and Frederick, *Household Engineering*, p.379.

16. Ellen H. Richards, *The Cost of Shelter* (New York: Wiley, 1905), p.105.

17. Mary Pattison, *Principles of Domestic Engineering: Or the What, Why and How of a House* (New York: Trow Press, 1915), p.158.

18. Frederick, *Household Engineering*, p.391.

19. Balderston, *Housewifery*, p.240.

20. Giedion, *Mechanization*, pp.516–18.

21. Beecher, *Treatise*, p.259.

22. Ibid., p.263.

23. Douglas Handlin, *The American Home: Architecture and Society 1815–1915* (Boston: Little, Brown, 1979), p.522, fn.33.

24. For a history of other domestic pioneers, see Dolores Hayden, *The Grand Domestic Revolution: A History of Feminist Designs for American Homes, Neighborhoods, and Cities* (Cambridge, Mass.: MIT Press, 1983).

25. Catherine E. Beecher and Harriet Beecher Stowe, *The American Woman's Home* (New York: J. B. Ford, 1869), pp.23–42.

26. Ibid., p.25.

27. Beecher, *Treatise*, p.259.

28. Beecher and Stowe, *American Woman's Home*, p.34.

29. Richardson, *Englishman's House*, pp.373–88.

30. Hermann Valentin van Holst, *Modern American Homes* (Chicago: American Technical Society, 1914).

31. Beecher and Stowe, *American Woman's Home*, pp.61–62.

32. Frederick, *Household Engineering*, pp.471–77.

33. Balderston, *Housewifery*, p.9.

34. Richards, *Cost of Shelter*, p.71.

35. Frederick, *Household Engineering*, p.8.

36. Christine Frederick, *The New Housekeeping: Efficiency Studies in Home Management* (Garden City, N.Y.: Doubleday, Page, 1914).

37. Lillian Gilbreth, *Living with Our Children* (New York: Norton, 1928), p.xi.

第八章

1. Seale, *Tasteful Interlude*, p.15.

2. Girouard, *Sweetness and Light*, p. 130.

3. Vernon Blake,"Modern Decorative Art," *Architectural Review*, Vol. 58, No. 344 (July 1925), p.27.

4. F. L. Minnigerode,"Italy and People Play Loto Once a Week," *New York Times Magazine*, October 25, 1925, p.15.

5. W. Franklyn Paris, "The International Exposition of Modern Industrial and Decorative Art in Paris," Part II, "General Features," *Architectural Record*, Vol. 58, No. 4 (October 1925), p.379.

6. Ibid.

7. Ibid., p.376.

8. *Encyclopedie des Arts Décoratifs et Industriels Modernes au XXème Siècle*, Vol.2, *Architecture* (Paris: Imprimerie Nationale, 1925), pp.44–45.

9. Stanislaus von Moos, *Le Corbusier: Elements of a Synthesis* (Cambridge, Mass.: MIT Press, 1979), p.339, fn.55.

10. George Besson, a contemporary art critic, quoted in Ibid., p.165.

11. Charles-Edouard Jeanneret, *L'Art décoratif d'aujourd'hui* (Paris: Crès, 1925), p.79.

12. Charles-Edouard Jeanneret, *Le Corbusier et Pierre Jeanneret: Oeuvre Complète de 1910–1929* (Zurich: Editions d' Architecture Erlenbach, 1946), p.31.

13. Charles-Edouard Jeanneret, *Towards a New Architecture*, trans. Frederick Etchells (London, John Rodker, 1931), pp.122–23.

14. Brian Brace Taylor, *Le Corbusier et Pessac* (Paris: Fondation Le Corbusier, 1972), p.23.

15. Richards, *Cost of Shelter*, p.45; Jeanneret, *Towards a New Architecture*, p.241.

16. Lillian M. Gilbreth, Orpha Mae Thomas and Eleanor Clymer, *Management in the Home: Happier Living Through Saving Time and Energy* (New

York: Dodd, Mead, 1954), p.158.

17. Jeanneret, *L'Art décoratif*, pp.92–93.

第九章

1. Quoted in Marilyn Bethany,"Two Top Talents Seeing Eye to Eye," *New York Times Magazine*, July 13, 1980, p.50.

2. Doris Saatchi,"Living in Zen," *House and Garden*, Vol. 157, No. 1 (January 1985), p.110.

3. Joan Kron, *Home-Psych: The Social Psychology of Home and Decoration* (New York: Clarkson N. Potter, 1983), p.178.

4. Thornton, *Authentic Decor*, pp.8–9.

5. Quoted in Burkhard Rukschcio and Roland Schachel, *Adolf Loos: Leben und Werk* (Salzburg: Residenz Verlag, 1982), p.308.

6. Adolf Behne, quoted in Ulrich Conrads and Hans G. Sperlich, *Fantastic Architecture* (London: Architectural Press, 1963), p.134.

7. For a humorous retelling of this period, see Tom Wolfe, *From Bauhaus to Our House* (New York: Farrar, Straus & Giroux, 1981), pp.37–56.

8. Adolf Loos,"Interiors in the Rotunda," in *Spoken into the Void: Collected Essays 1897–1900*, trans. Jane O. Newman and John H. Smith (Cambridge, Mass: MIT Press, 1982), p.27. Originally published 1921.

9. Henry McIlvaine Parsons,"The Bedroom," *Human Factors*, Vol.14, No.5 (October 1972), pp.424–25.

10. P. Branton,"Behavior, Body Mechanics and Discomfort," *Ergonomics*, Vol. 12 (1969), pp.316–27.

11. Giedion, *Mechanization*, pp.402–3.

12. Rykwert, "The Sitting Position," pp.236–37.

13. Ralph Caplan, *By Design* (New York: McGraw-Hill, 1982), pp.91–92.

14. Greenberg, "Design Paradigms," p.80.

15. Ibid.

16. "James Stirling at Home," *Blueprint*, Vol. 1, No. 3 (December 1983–January 1984).

17. Philip Johnson, *Writings* (New York: Oxford University Press, 1979), p.138.

18. Kron, *Home-Psych*, p.177.

19. Ibid.

第十章

1. George Fields, *From Bonsai to Levi's: When West Meets East, an Insider's Surprising Account of How the Japanese Live* (New York: Macmillan, 1983), pp.25–26.

2. John Lukacs, *Outgrowing Democracy: A History of the United States in the Twentieth Century* (Garden City, N.Y.: Doubleday, 1984), p.170.

3. Many of the patterns described in Christopher Alexander et al., *A Pattern Language: Towns, Buildings, Construction.* (New York: Oxford University Press, 1977), are derived from seventeenth-century interiors.

4. See the author's *Taming the Tiger: The Struggle to Control Technology* (New York: Viking, 1983), p.25.

5. J. Douglas Phillips, "Establishing and Managing Advance Office Technology: A Holistic Approach Focusing on People," paper presented to the annual meeting of the Society of Manufacturing Engineers, Montreal, September 16–19, 1984, p.3.

6. S. George Walters,"Merck and Co., Inc. Office Design Study, Final Plans Board," unpublished report (Newark, N. J.: Rutgers Graduate School of Management, August 24, 1982).

7. Alexander, *Pattern Language*, pp.847–52.

8. Henry McIlvaine Parsons,"Comfort and Convenience: How Much?" paper presented to the annual meeting of the American Association for the Advancement of Science, New York, January 30, 1975, p.1.

9. Quoted in George O'Brien,"An American Decorator Emeritus," *New York Times Magazine: Home Design*, April 17, 1983, p.33.

10. Christopher Alexander, *The Timeless Way of Building* (New York: Oxford University Press, 1979), pp.32–33.

11. Parsons,"Comfort and Convenience," p.1.

索　引

301

302

306

307

309

310

311